饮食术：
减糖生活

何银萍◎编著

吉林科学技术出版社

图书在版编目（CIP）数据

饮食术：减糖生活 / 何银萍编著 . -- 长春：吉林科学技术出版社，2023.1（2024.8 重印）
ISBN 978-7-5578-9011-7

Ⅰ.①饮… Ⅱ.①何… Ⅲ.①减肥－食谱 Ⅳ.① TS972.12

中国版本图书馆 CIP 数据核字（2021）第 234888 号

饮食术：减糖生活
YINSHI SHU: JIAN TANG SHENGHUO

编　　著	何银萍
出 版 人	宛　霞
责任编辑	孟　盟
封面设计	春浅浅
制　　版	松　雪
幅面尺寸	145 mm×210 mm
开　　本	32
印　　张	6
字　　数	130 千字
页　　数	192
版　　次	2023 年 1 月第 1 版
印　　次	2024 年 8 月第 4 次印刷

出　　版	吉林科学技术出版社
发　　行	吉林科学技术出版社
地　　址	长春市福祉大路 5788 号
邮　　编	130118
发行部电话 / 传真	0431-81629529　81629530　81629531
	81629532　81629533　81629534
储运部电话	0431-86059116
编辑部电话	0431-81629518
印　　刷	三河市宏顺兴印刷有限公司

书　　号	ISBN 978-7-5578-9011-7
定　　价	36.00 元

前言
Foreword

　　糖类又叫碳水化合物，是构成人体的重要成分之一，也是自然界最丰富的有机物。我们一日三餐中约 60% 的能量来源于糖类。

　　糖类、蛋白质、脂肪是人体能量的三大支柱。糖类主要是用来产生能量和贮存能量的物质。人体内的糖蛋白、核糖、糖脂等都有糖参与组成：糖蛋白是构成细胞膜的成分之一；核糖和脱氧核糖分别参与 RNA（核糖核酸）和 DNA（脱氧核糖核酸）的构成，而 RNA 和 DNA 是机体主要的遗传信息载体；糖脂是构成神经组织和生物膜的主要成分。由此可见，糖类参与多种有机物质的构成，是构成人体必不可少的原料。除此之外，糖类还有以下作用：

　　（1）构成身体组织。糖类在机体中参与许多生命活动过程。如糖蛋白是细胞膜的重要成分，黏蛋白是结缔组织的重要成分，糖脂是神经组织的重要成分。

　　（2）保肝解毒。当肝糖原储备较丰富时，人体对某些细菌毒素的抵抗力会相应增强。因此，保持肝脏含有丰富的糖原，可起到保护肝脏的作用，并提高肝脏的正常解毒功能。

（3）节省蛋白质。糖类广泛分布于自然界中，来源容易。用糖类供给能量，可节省蛋白质，而蛋白质主要用于组织的建造和再生。

（4）抗酮作用。脂肪在人体内完全氧化，需要靠糖类供给能量。当人体内糖不足或身体不能利用糖时，所需能量大部分要由脂肪供给。脂肪氧化不完全，会产生一定数量的酮体，它过分聚积使血液中酸度偏高、碱度偏低，会引起酮性昏迷，所以糖类有抗酮作用。

（5）增强肠道功能，合成维生素。糖类中不被机体消化吸收的纤维素能促进肠道蠕动，防治便秘，又能给肠道内的微生物提供能量，合成 B 族维生素。

人体对糖类的需求量，主要是根据人体每天需要的能量来确定的。因为糖是人体能量的主要来源，约占人体所需总能量的 70%，而脂肪占总能量的 20%，蛋白质仅占总能量的 10%。每个人每天所需能量，则根据年龄、性别、体型、生活方式、健康状况、劳动强度的不同而有所差异。例如，步行较安静状态，能量的代谢要增加 1 倍；

跑步时可增加到 4 倍; 剧烈运动时甚至可以增加到 10 倍。此外,环境温度对能量的消耗也有很大影响。环境温度一般在 18～30℃时, 能量代谢最低; 如果低于 15℃, 能量代谢就会增高; 超过 30℃时能量代谢也会稍有增高。这是因为进行体温调节时心脏活动和发汗活动加强所致。

能量代谢的高低, 决定了需要补充能量的多少, 也决定了糖类的摄入量的多少。按年龄来说, 正在生长发育的儿童和青少年所需能量相对比成年人多, 中年以后, 所需能量相应减少一些。如果以年龄 18～40 岁, 体重分别为 53 千克、63 千克的女性和男性为基础, 所需能量随着年龄的增长而递减, 即 40～49 岁递减 7%, 50～59 岁递减 10%, 60～69 岁递减 20%, 70 岁以上减少 30%。

那么, 每人每天应吃多少糖类物质呢?总的来说, 糖类所供给的能量按我国人民的膳食习惯, 以占总能量的 60%～70% 为宜。一般正常成人普通工作量, 每人每天每千克体重控制在 0.5 克。一个体重 20 千克的小孩每天不应超过 10 克, 重体力劳动者还应增加, 但每日应控制在 50 克为宜。供给糖类的食物有五谷、豆类、块根类蔬菜, 以及瓜果等, 蜂蜜含糖也很丰富。

近年来, 随着科学研究的深入, 吃糖过多对人体健康的危害越来越引起人们的关注。糖类摄入过多, 可能会导致心脏病、高血压、血管硬化症及脑卒中、糖尿病等, 许多疾病也与吃糖过多有关，如龋齿、近视、软骨症、消化道疾病等。

长期高糖饮食会使人体内环境失调，进而给人体健康造成种种危害。由于糖属酸性物质，吃糖过量会改变人体血液的酸碱度，呈酸性体质，降低机体免疫力，引起种种疾病。

糖类摄入过多可影响体内脂肪的消耗，造成脂肪堆积，还会影响钙质代谢，导致体内缺乏维生素 B_1，引起头昏头痛、乏力失眠、食欲缺乏、精神萎靡等症状。长期摄入糖类过多，与动脉粥样硬化、冠心病的发病也有密切关系。吃糖过多，会使人产生饱腹感，导致食欲不佳，影响食物的摄入量，进而导致多种营养素的缺乏，还会使胃酸增加，过多的胃酸是造成胃及十二指肠溃疡的原因之一。长期嗜好甜食的人，更容易引发多种疾病。因此，适当的减糖非常必要。

本书通过认识减糖、正确减糖、减糖饮食三大方面，帮助大家正确地减少糖类的摄取，摆脱高糖饮食，远离疾病困扰，让生活更加健康、美好！

目录
Contents

01 认识减糖 001

正确减糖，从认识减糖开始！

01

认识
减糖

人体必需的营养素

营养素是维持机体正常生长发育、新陈代谢所必需的物质。科学家将营养素分为6大类，即糖类（碳水化合物）、脂类、蛋白质、矿物质（无机盐）、维生素和水。近年来，多数营养学家认为膳食纤维是一种对人体有用的物质，因此，膳食纤维也被称作一种营养素。所以，目前将营养素分为7大类。

糖类是人体最主要的能量来源，参与许多生命活动。糖类，是细胞膜及很多组织的组成部分，维持正常的神经功能，促进脂肪、蛋白质在体内的代谢。适当地摄入糖类，可以有效消除疲劳、缓解压力，但摄取过量糖类会导致肥胖。

维生素是人体所必需的营养素，没有维生素，人就无法生存。蔬菜、水果、鱼类、禽畜肉类中都含有丰富的维生素。

蛋白质约占身体的17%，头发、指甲、皮肤及肌肉组织几乎完全由蛋白质构成。活的细胞需要蛋白质作为它们的架构，生物体如果缺少了蛋白质就无法生存。所以，减糖的同时，要注意蛋白质的补充。

矿物质包含铝、镁、钠、钾、铁、锌等元素，一方面作为"建筑材料"构成人体组织；另一方面维持人体正常的生理功能，是人体中必不可少的物质。矿物质含量比较丰富的有蔬菜、鱼类、禽畜肉类、海藻类等。

脂类包括脂肪和类脂，是一种不溶于水而溶于有机溶剂的一类化合物。其中脂肪的主要成分为脂肪酸。人体不能合成，必须由食物供给的脂肪酸，被称为必需脂肪酸。脂类摄入过多容易造成肥胖。

水是维持人体正常生理功能的重要营养物质之一，它参与体内各种生物化学反应。另外，水又是体内进行生化反应的良好场所，因为各种营养物质必须先溶解于水，然后才能通过各种液体运往全身各个组织器官和细胞中，以发挥自身作用。

膳食纤维是指食物在人体肠道内不被消化的植物性物质。它包括纤维素、半纤维素、果胶、藻胶、木质素等一些过去认为不能被身体利用的多糖物质。膳食纤维虽然不能被机体吸收，但它能刺激肠蠕动，对机体发挥重要作用。

什么是糖

糖可以分为狭义的糖和广义的糖。

狭义的糖，指的是精制后的食用糖，如红糖、白糖、冰糖以及饮料中的糖浆，还包括各种口味的奶糖、水果糖等糖果。

广义的糖，是有机化合物的一类，可以分为单糖、双糖和多糖，是人体内产生能量的主要物质，如葡萄糖、蔗糖、乳糖、淀粉等。在化学上，由于其由碳、氢、氧元素构成，在化学式的表现上类似于"碳"与"水"聚合，故也叫碳水化合物。

| 单糖 | 葡萄糖、果糖、半乳糖 |

| 双糖 | 蔗糖、麦芽糖、乳糖 |

| 多糖 | 淀粉、糊精、肝糖、纤维素 |

单糖

单糖，是消化作用的最终产物。它们由小肠吸收进入血液，易溶于水，进入血液后，通过血液运送至肝脏内，它们就像葡萄糖一样，可能会被代谢、储存，或者重新被释放回血液中。属于单糖类的物质很多，其中三种最受营养学家的重视，即葡萄糖、果糖和半乳糖。

所有动物的血液中都含有葡萄糖。另外，葡萄糖也广泛地存在于大多数的水果和蔬菜中。红薯、土豆、甜玉米和洋葱都含有葡萄糖，葡萄和蜂蜜中的含量也很多。

大多数的水果、蔬菜及蜂蜜不但含葡萄糖，同时也含果糖。

半乳糖在自然界中不会单独存在。在植物中，半乳糖多混合其他糖类和淀粉一起存在，而且常以多糖的形式存在。在脑部和神经组织中，半乳糖则多半与脂肪和蛋白质混合在一起。

双糖

双糖有三种，即蔗糖、麦芽糖和乳糖。

几乎在所有的蔬菜水果中，蔗糖都会随着果糖与葡萄糖而存在。例如，成熟的菠萝、各类不同的甜红萝卜皆含有大量的蔗糖。甘蔗糖浆和糖蜜大多是蔗糖的丰富来源，商业用的糖大多来自甘蔗和甜菜，是纯粹的蔗糖。在消化道中，蔗糖会再分解成果糖和葡萄糖两种单糖。

发芽时的植物与动物的消化道中都可发现麦芽糖。它可以被分解成两个单位的葡萄糖。许多食物都含有淀粉，在消化道分解后可产生麦芽糖。麦芽糖是人体内能量的重要来源。

乳糖，大部分存在于哺乳动物的乳液中。人奶中含有 6%～7% 的乳糖，而牛奶中则含有 4%～5% 的乳糖。比起其他糖类，乳糖不甜，也较难溶于水，但是可以被乳糖分解酶作用而分解成葡萄糖与半乳糖。这种酶是由小肠壁产生的，在婴儿与发育中的小孩体内含量较高，成人的酶含量较少或者没有。因而缺乏乳糖分解酶的人就无法适应牛奶及乳类制品，这些无法被消化的乳糖通过大肠就可能引起下痢。这种酶在成人体中究竟会存留或是丧失，主要取决于摄入的食物种类、人种和家族遗传等因素。

多糖类

多糖包括淀粉、糊精、肝糖、纤维素等。

淀粉是由许多葡萄糖分子所组成的，所以被称为多糖。淀粉是我们能量的基本来源，它存在于所有的谷类、面包、干豆子、梨子、土豆和许多根茎类农作物中。大多数谷类的种子和成熟的土豆，约有 3/4 为淀粉，淀粉最后会转变成糖。未成熟的玉米和梨子会使糖再转变为淀粉，所以不会很甜，但当它们成熟时，淀粉即会转为糖，会有甜味。

糊精是另一种多糖，当种子发芽时，它即由淀粉分解而成。

将淀粉类食物施以高温时，也会形成糊精。在消化道中，糊精首先会被分解成麦芽糖，然后再水解成葡萄糖。

第三种多糖是肝糖，这是另一种形式的淀粉，存在于动物体内，成为能量的来源。当我们吃肉时，可以从动物淀粉中获得糖类，其量的多寡则视动物被屠杀前吃下多少淀粉类食物而定。肝脏中储存肝糖，因此肝脏成为多糖的最佳来源。肉类的肝糖，在消化道中会被分解成葡萄糖。

纤维素是另一种多糖，在牛和羊等反刍类动物的消化道中会被分解成葡萄糖。但在人体中，因缺乏可以分解纤维素的酶，所以纤维素无法被利用，但是这些纤维素可以用来改善小肠的健康状况。含有纤维素的食物很多，比如，水果的果皮纤维部分和蔬菜、谷类的麸皮或种子的外皮。有些人把未精制过的食物比喻成砂纸，他们认为，吃进这些食物就好像拿砂纸去刮磨消化道内壁。其实，这是一种错误的观念，事实上，纤维素可以说是相当柔软而且平滑的，即使是谷类麸皮，浸泡在水中几分钟之后，也会变得很柔软。

糖类的来源

　　糖类，是构成人体的重要成分之一，也是自然界最丰富的有机物。糖类、蛋白质、脂肪是人体能量的三大支柱。糖类主要是用来产生能量与贮存能量的物质。糖类的主要来源是谷类、豆类、和薯类食物。

谷类食物

豆类食物

薯类食物

主食中的糖类是人体营养的重要组成部分，是生命活动所需能量最主要、最经济、最安全、最直接的提供者。主食是人一天摄入量最大、也是最关键的食物类别。这样关键的食物应该如何吃呢？我们总结出了吃主食的四个原则。

第一个原则：种类多样。每天最好能够吃一到两种粗粮，而且经常更换品种，有利于维持膳食营养平衡。例如，购买粗粮粉、全麦粉，加上蔬菜制成美味的杂粮饼，或者选购已经加工好的全麦面包、杂面条、粗粮馒头等食品。这些都能让人们方便快捷地实现主食的多样化要求。

第二个原则：清淡、少油、少盐。人们从味道过浓过腻过咸的菜中已经摄取了过量的脂肪和盐，如果主食再带来一部分脂肪和盐，必然导致盐分摄入过多，会加重心脏负担，引起高血压，甚至引发心力衰竭。因此，餐桌上的主食应该选择不加油盐的品种。

第三个原则：重视营养质量。食量少的人容易发生缺钙、缺铁、缺锌、缺维生素等现象。目前市面上有很多营养强化的主食，包括强化钙、铁或锌的面粉，强化 B 族维生素的面包，强化多种营养素的挂面等，这些食物都可以成为成年人主食的理想选择。

第四个原则：关注血糖生成指数。随着年龄的增长，许多人体重增加，血糖上升，出现了胰岛素抵抗等状况。因此，选择主食应当格外重视血糖生成指数的高低。要降低血糖生成指数，需要注意选择含粗粮、杂粮的食物，而不是只吃精米、白面。

摄入过多糖类的后果

糖类的主要功能是为机体提供生理活动和体力活动所需要的能量。每克糖在体内可以产生约 4 千卡的能量。

我们每天吃的食物中，糖类的供能应该占 55% ~ 65%。如果机体摄入的能量大于消耗的能量，则多余的糖类就会以脂肪的形式存储起来。

能量摄入过多，运动过少，是引发肥胖的一个主要原因。当能量的摄入大于消耗时，多摄入的能量就只能转化成脂肪了。

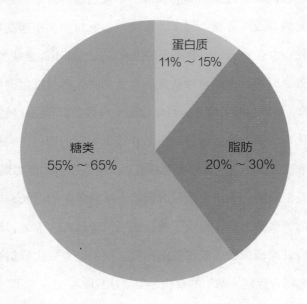

蛋白质
11% ~ 15%

糖类
55% ~ 65%

脂肪
20% ~ 30%

长期高糖饮食会使人体内环境失调，进而给人体健康造成种种危害。由于糖属酸性物质，吃糖过量会改变人体血液的酸碱度，使人体呈酸性体质，降低机体免疫力，引起各种疾病。

糖代谢紊乱	糖尿病
脂肪堆积	肥胖
激素分泌紊乱	特应性皮炎
肠道菌群紊乱	溃疡性结肠炎
脂代谢紊乱	血脂异常

高糖

减糖减的是什么

　　有人认为只要不吃主食就能达到减糖的目的，其实这是错误的观念。因为一个人如果不吃主食，就会导致身体获取能量不足，比吃主食的人更容易饥饿，最终会吃下更多的食物。

　　为了保持营养均衡，正确的做法应该为：减少主食，适当增加一些能够获取蛋白质和脂肪的鱼类和肉类，维持我们身体必需的能量。

　　另外，为了保持机体的活力和正常代谢，我们还需要摄取足够的维生素和矿物质，这些可以从蔬菜中获取。

减糖＝减碳水化合物

我们这里所说的减糖，可以理解为减碳水化合物，也就是说，减的是广义上的糖，包括单糖、双糖、多糖。减糖减的不仅仅是我们平时见到的白糖、红糖、冰糖等，还包括大量存在于我们日常食物中的糖。

减糖≠不吃米、面

主食是我们人体主要的一种能量来源。对于中国人来说，两种代表性的主食就是米和面。米、面中含有较多的糖类，有的人就会认为主食就是糖，不吃主食就是减糖，这种观点并不正确。健康地减糖，实际上是平衡糖类摄入过多和蛋白质、维生素、矿物质等摄入不足的饮食习惯。

减糖的好处

　　了解完减糖，我们来说一说减糖饮食的好处，主要有不容易产生饥饿感，有助于提高专注力，控制血糖，远离亚健康等。另外，对减肥的人来说，能让自己长久地保持体重、不容易再发胖。减糖饮食让人们不会因吃到大量糖类而使血糖不稳定，还可以有效预防一些疾病。

有效
控制血糖

预防
心脑血管疾病
高血压、高血脂

预防
糖尿病
并发症

改善
亚健康状态

健康
减肥

减糖饮食的好处

当你坚持减糖一段时间后，会发现自己的
生理和心理都发生了变化。

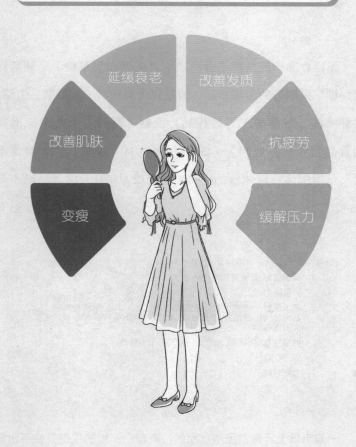

延缓衰老

改善发质

改善肌肤

抗疲劳

变瘦

缓解压力

当你发现自己体重变轻，肌肤更加水润有弹性，发质越来越好，
饭后不容易犯困，睡眠质量提高……是不是心情也变好了呢？

正确认识无糖食品

什么是无糖食品

　　无糖食品一般是指不含蔗糖（甘蔗糖和甜菜糖）、葡萄糖、麦芽糖、果糖等的甜味食品，但是应含有糖醇（木糖醇、山梨醇、麦芽糖醇、甘露醇）等替代品。根据《食品安全国家标准预包装食品营养标签通则》（GB 28050-2011）规定，"无糖或不含糖"是指固体或液体食品中每100克或100毫升的含糖量不高于0.5克。

商品名称: 无蔗糖粗粮桃酥

产品类型: 酥性饼干

商品配料: 小麦粉、植物油(大豆油、棕榈油)、人造奶油、粗粮粉、芝麻、食用盐; 食品添加剂: 麦芽糖醇、木糖醇、泡打粉、碳酸氢铵、碳酸氢钠、食用香精香料

商品特性: 甜味感; 能量低,升糖慢; 有益健康

保 质 期: 12 个月

生产日期:

重　　量:

　　一般市场上所售的无糖食品的"无糖"，指的仅仅只是不含蔗糖而已，但由于原料或组成成分里包含淀粉，而淀粉是通过在体内转化为葡萄糖的形式被吸收的，所以人们在吃这种无糖食品时依然摄入了葡萄糖。

如何选择无糖食品

首先，在选择无糖产品时，除了要看它是否标注"无糖食品"的字样，还要看它的配料表。看这种产品是用哪种甜味剂代替了糖类。因为其中可能含有葡萄糖等其他糖类，所以不能盲目食用。

其次，我们不仅要看食品的包装上有无蔗糖含量，还要考虑食物本身是不是含糖。有些食品的添加剂中即便不含糖，但食品本身可能含糖分，如一些无糖糕点，其本身是用粮食做成的，在人体内可分解为葡萄糖。

无添加蔗糖燕麦豆浆粉：无添加蔗糖，更健康。

配料：东北大豆，麦芽糖浆，果葡糖浆，麦片（8%），燕麦片（1%）。

营养成分表

项目	每100g 含	营养素参考值 %
能量	1688KJ	20%
蛋白质	16.4g	27%
脂肪	9.5g	16%
——不饱和脂肪酸	7.3g	
——反式脂肪酸	0g	
碳水化合物	62.2g	21%
钠	88mg	4%

参考《食品安全国家标准 预包装食品营养标签通则》，反式脂肪酸的"0"界限值：≤ 0.3g/100g

需要注意：很多标明"低糖""无糖""低能量"的甜味食品并不是真的无糖，其中所使用的甜味剂虽然能量很低，甚至无能量，但是大多数会增加食欲，反而使能量的摄入增大。

减糖要看懂食品标签

如果你想要健康减糖，就一定要学会看懂食品标签，具体来说，就是要看懂营养成分表和食品配料表。

营养成分表

根据相关国家标准规定，在我国境内销售的预包装食品标签上，应该首先标示能量和蛋白质、脂肪、糖类、钠 4 种核心营养素及其含量。营养标签中营养成分标示应当以每 100 克（毫升）和（或）每份食品中的含量数值标示，并同时标示所含营养参考值（NRV）的百分比。如果想要知道食品的含糖量，可以看"碳水化合物"这一项。

营养成分表

项目	每100g	NRV%
能量	2505KJ	30%
蛋白质	27.0g	45%
脂肪	50.2g	84%
碳水化合物	16.5g	6%
钠	618mg	31%

特别值得注意的是，营养成分表中一般标注的都是 100 克这种食物各种成分的含量，所以还需要看实际每份食物的净含量。

食品配料表

根据国家相关法规规定，配料表中的各种配料应按制造或加工食品时加入量的递减顺序一一排列，也就是说，含量最多的原料排在配料表中的第一位，最后一位是原料含量最少的。

如果在配料表中建立了"食品添加剂"项，应当在食品配料表中一一标识在终产品中具有功能作用的每种食品添加剂。

如果你想要知道一个产品是否含有糖分，可以在产品标签的配料表中寻找"糖"字，如葡萄糖、半乳糖、果糖、乳糖和麦芽糖等。

配料: 白砂糖，鸡蛋，小麦粉，起酥油，氢化植物油，麦芽糖浆，低聚异麦芽糖，可可粉，全脂乳粉，葡萄糖浆，炼乳，脱脂乳粉，巧克力（代可可脂），乳糖，食品添加剂（乳化剂，稳定剂，黄原胶，膨松剂），食用植物油，可可液块，咖啡粉，食用盐，桂皮粉，食用香精。

这些糖类也可能会标注成这些名字：细砂糖、红糖、甘蔗汁、玉米甜味剂、糊精、蜂蜜、转化糖、麦芽糊精、麦芽糖醇、蜜糖、天然糖、原糖、精制糖、糖浆、螺旋糖等。

减糖过程中的一些误区

现在越来越多的人开始选择减糖饮食，你对减糖饮食了解多少？你所理解的减糖方法是正确的吗？你在减糖过程中是否有下面这些误区？

误区一：减糖要戒主食

世界卫生组织（简称 WHO）推荐的适宜膳食能量构成是：来自糖类的能量为 55%～65%，来自脂肪的能量为 20%～30%，来自蛋白质的能量为 11%～15%。

主食是糖类的主要摄入源，但很多人却对主食敬而远之，这种做法是不科学的。如果膳食中长期缺乏主食，就会导致血糖降低，产生头晕、心悸、精神不集中等问题，严重者还会导致低血糖、昏迷甚至脑细胞死亡。

误区二：不吃主食可以减肥

有些人想通过减糖来达到减肥的目的，认为不吃主食可以达到减肥或是保持身材的效果。实际上，这种想法是大错特错的。没有主食提供能量、保驾护航，身体中珍贵的蛋白质就会像柴火一样被燃烧掉，人非但不能保持身材，还会丧失大量的蛋白质，从而可能导致蛋白质营养不良。

曾经有个二十多岁的小伙子，怕吃主食会"增肥"，把主食从一天500克的量降到一天100克，因此造成的"400克"能量缺口靠两个炸鸡腿"补充"。最后，他非但没有瘦下来，反而越来越胖。因为人体本应从主食中获取的能量变成了从油中获取，也就摄入了更多的油脂，其体脂和体重增加也就在所难免了。

误区三：蔬果榨汁更健康

有试验研究表明，黄瓜在榨汁后和榨汁前相比，维生素C的破坏率高达80%，从每100克中含8毫克降低到每100克中含2毫克。西红柿、小白菜等榨汁后也有类似现象。而且，榨汁之后有很多不溶性物质如钙、铁、纤维等都留在蔬果渣中，这就造成了许多营养物质的流失。直接食用蔬菜、水果容易产生饱腹感，而喝蔬果汁会不知不觉地摄取过多能量和糖分，增加患糖尿病、肥胖病、营养不良等疾病的概率。

因此，不是迫不得已，例如不能咀嚼，患上不宜吃较硬食物的疾病，最好直接吃蔬菜、水果，不要榨汁喝。

误区四：果糖可以大量摄入

果糖与葡萄糖和半乳糖一样，是对人体最重要的血糖。它是所有自然糖类当中最甜的，比葡萄糖甜两倍。你觉得水果、甜菜、甜薯、防风草根和洋葱吃起来很甜，就是因为其中含有果糖。和大部分食物一样，果糖如果摄入过量也是有害的。不幸的是，人们很容易摄入过量的果糖。食物行业广泛在软饮料、果汁和其他各种加工食品中使用含有果糖的高果糖玉米糖浆。对此一定要保持警惕，要尽量减少食谱中的高果糖玉米糖浆。

但是，食用少量的果糖对身体是有益的（未发现对健康的负面影响），而且有助于新陈代谢。

误区五：吃面比吃米更容易发胖

"南方人吃米长得矮，北方人吃面长得高。""吃米有助于减肥，吃面更容易肥胖。"这些论调都是站不住脚的。米和面的能量及营养素含量基本是等量的，同等质量的面比米的蛋白质含量会稍高一点点，但差别不大。

从理论上讲，米和面是完全可以互相替代的两种主食，一点点差别不会构成任何质的改变，所以要搭配着吃，不要舍弃任何一种。从现代医学角度来说，吃米和吃面对血糖的影响也并不大，主要是看人们是不是在合理的数量范围内去食用。

误区六：粗粮可以降血糖

这种说法是不科学的。粗粮和细粮含有几乎等量的能量和糖分，吃到体内后，无论是粗粮还是细粮，对血糖都有升高的作用。只是粗粮里面含有更多的膳食纤维，膳食纤维的结构特性使得糖的释放没有细粮那么快速和猛烈。我们应该强调的是粗粮能够延缓血糖的升高，而非强调粗粮可以降低血糖。粗粮在胃里的排空速度比较慢，这就会造成一种轻度的饱胀感，使人们得以减少食物的摄入，从而控制一天摄入食物的总量。因此，减肥的人、血糖和血脂偏高的人适合每天吃些粗粮。

误区七：餐后马上进食水果

其实，饭后马上吃过多的水果，会造成血糖浓度迅速增高，增加胰腺的负担；同时会阻碍甚至中断体内的消化过程，增加肠道额外的负担，减少某些营养素的吸收。

两餐之间是进食水果的最佳时期。一般来说，可以每天在9～10时，15～16时或是睡觉前两小时进食。正常人每日进食1～3次水果均可，种类和数量并无严格的限制；糖尿病患者在血糖稳定的前提下，每日可在两餐间摄取一次低糖型或中等量糖的水果，如西瓜、猕猴桃、苹果、梨等，重量约200克。

误区八：糖尿病患者要完全禁糖

糖尿病患者需合理控制糖的摄入，但也要防止走向另一个极端，即绝对禁食糖，甚至以不吃主食或过少进食来达到控制血糖升高的目的。这种方法是不合理的，还会对患者带来一些不利因素。一旦葡萄糖摄入缺少，人体出现消瘦、抗病能力下降等情况，容易感染各类疾病甚至发生低血糖，或出现反应性高血糖及糖异生导致高脂血症等各种病症。因此，控制糖类摄入应根据患者的具体情况适当限制摄入量，否则，对患者将会带来不良影响。

健康减糖，正确方式很重要！

02

健康减糖

健康减糖可以让人变瘦

你是不是有这样的困惑，为什么自己尝试了那么多种减肥方法，依旧瘦不下来？其实，这跟你吃得不对有很大关系。我们一起来看看肥胖和瘦身的原理，了解一下控制血糖值的重要性。

肥胖原理

摄入高糖食物
（米饭、面包、甜点等）

在人体内分解为葡萄糖

血糖值急速上升

分泌大量胰岛素

必要的葡萄糖转化为能量，以糖原的形式存在于肝脏

没被利用的葡萄糖转化为脂肪，囤积在体内

血糖值急速下降，产生饥饿感，补充过多食物

肥胖

控制糖类的摄入，摄入的蛋白质、脂肪相对均衡，餐后的血糖值就会上升较慢，人体仅分泌必要的胰岛素，体内不会囤积脂肪，也就不会发胖了。而血糖值相对稳定，就不会让人感到饥饿，避免频繁进食，进而达到瘦身的效果。

瘦身原理

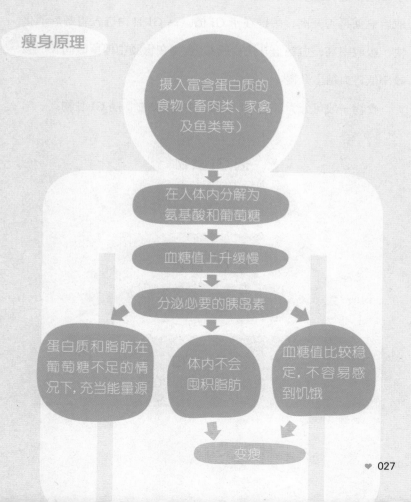

摄入富含蛋白质的食物（畜肉类、家禽及鱼类等）

在人体内分解为氨基酸和葡萄糖

血糖值上升缓慢

分泌必要的胰岛素

蛋白质和脂肪在葡萄糖不足的情况下，充当能量源

体内不会囤积脂肪

血糖值比较稳定，不容易感到饥饿

变瘦

健康减糖应选
低 GI（血糖生成指数）食物

食物血糖生成指数（glycemic index，GI）是食物的一种生理学参数，是衡量食物引起餐后血糖反应的一项有效指标。食物摄取后血糖是否升高，关键在于 GI 值。高 GI 食物进入胃肠后消化快、吸收率高，血糖上升快；低 GI 食物在胃肠中停留时间长、吸收率低，血糖上升慢。

食物一般可分为：低 GI 食物、中 GI 食物、高 GI 食物。

低 GI 食物
血糖生成指数 ≤ 55

中 GI 食物
55 < 血糖生成指数 ≤ 70

高 GI 食物
血糖生成指数 > 70

GI 值高的主食有哪些

以米饭为例，精米大米饭的 GI 值为 90，而糙米大米饭的 GI 值为 78，都属于高 GI 食物。还有面条，根据所选原料的不同，GI 指数也有所差异，小麦面的 GI 值在 55 左右，意大利面的 GI 值为 48，乌冬面的 GI 值为 55，可见米饭的 GI 值普遍是比面条高的。另外，馒头的 GI 值同样高达 88。

因此，GI 值高的主食包括米饭、白粥、馒头。如果想要健康减糖，主食可以选择 GI 值相对较低的面条类，比如通心面（通心粉）、乌冬面、意大利面。

通心面

乌冬面

意大利面

一般来说，大部分蔬菜及豆制品的 GI 值很低，比如芦笋、菜花、芹菜、黄瓜、茄子、莴笋、菠菜等的 GI 值均为 15，摄入后血糖上升慢。既然这样，那是不是蔬菜就可以随便吃呢？答案当然是否定的。因为蔬菜中甜菜、胡萝卜、南瓜等的 GI 值并不低，分别为：64、71、75。所以，我们减糖时，一定要警惕高 GI 值蔬菜。

远离含糖量高的食物

健康减糖，这些食物要戒掉

你有没有喝含糖饮料的习惯？你知道你日常中喝的饮料中含有多少糖吗？快来看一下吧！

橙汁
420 毫升
含糖量
43.3 克

运动饮料
600 毫升
含糖量
28.8 克

可乐
500 毫升
含糖量
56.0 克

健康减糖，这些食物要控制

主食含糖量高，这是大家都熟知的。那我们平时经常吃的主食到底含有多少糖呢？

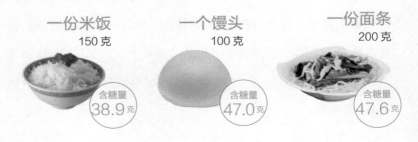

一份米饭
150 克
含糖量
38.9 克

一个馒头
100 克
含糖量
47.0 克

一份面条
200 克
含糖量
47.6 克

健康减糖，这些食物要警惕

　　蔬菜给人的印象就是含糖低、GI 值低。事实上，大部分蔬菜确实如此，但也有例外，比如一些含淀粉比较高的，需要适量食用。

红薯　含糖量 15.3克

土豆　含糖量 17.8克

芋头　含糖量 12.7克

山药　含糖量 12.4克

莲藕　含糖量 11.5克

椰子　含糖量 31.3克

香蕉　含糖量 22.0克

枣　含糖量 30.5克

榴莲　含糖量 28.3克

健康减糖，这些食物要当心

　　很多人在减肥的时候，往往选择以水果代替主食，在不知不觉中摄入了大量的糖却不自知，快来看看水果中哪些含糖量高吧！

※ 本书涉及的含糖量，如无特殊说明，均按每100克计算。数据主要来源于《中国食物成分表标准版（第6版）》。另外，本书中计算出的含糖量为一餐的大致数值，保留至小数点后一位。

健康减糖时，肉类不可少

蛋白质的营养价值主要取决于氨基酸组成。食物的氨基酸组成与人体内蛋白质的氨基酸组成越接近，则越易被人体吸收利用，营养价值也就越高。动物性食物，是优质蛋白质、脂溶性维生素和某些矿物质的良好来源。

常见肉类蛋白质含量（按100克计算）

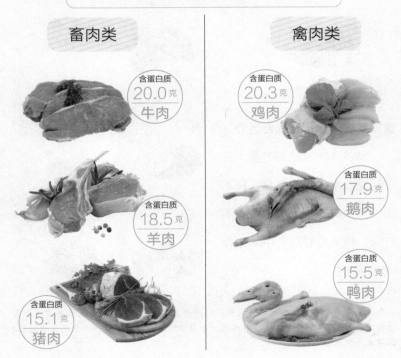

畜肉类

含蛋白质 20.0克 牛肉

含蛋白质 18.5克 羊肉

含蛋白质 15.1克 猪肉

禽肉类

含蛋白质 20.3克 鸡肉

含蛋白质 17.9克 鹅肉

含蛋白质 15.5克 鸭肉

肉类的最佳搭配和不宜搭配

牛肉

♡ 最佳搭配

土豆、香菇、生姜

⊗ 不宜搭配

栗子、白酒、红糖、橄榄

鸭肉

♡ 最佳搭配

山药、沙参、白菜

⊗ 不宜搭配

鳖肉、板栗、黑木耳

猪肉

♡ 最佳搭配

茄子、黑木耳、海带、竹笋

⊗ 不宜搭配

乌梅、豆类、鲫鱼、鳖肉、羊肝

鹅肉

♡ 最佳搭配

山药、萝卜、西蓝花

⊗ 不宜搭配

柿子、香榧、鸡蛋

鸡肉

♡ 最佳搭配

竹笋、栗子、豌豆

⊗ 不宜搭配

芹菜、鲤鱼、虾

羊肉

♡ 最佳搭配

山药、豆腐、白萝卜

⊗ 不宜搭配

南瓜、马蹄、梨

健康减糖的糖类摄入量

《中国居民膳食指南》（2022）建议，对于健康人群，糖类的摄入量应该占一天摄入总能量的 55%～65%，脂肪占 20%～30%，蛋白质占 11%～15%。

如果我们想要健康减糖，比较合理的糖类摄入量应该控制在总能量的 40%。

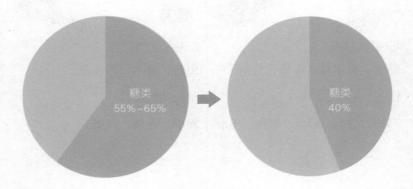

体力消耗不同导致需要补充的能量也不同，日常活动量是计算能量摄入的一个重要依据。

依据自己的身高算出标准体重，再根据自己的实际体重判断体重类型。一般情况下，正常体重是标准体重 ±10%，超过 10%～20% 就是超重，超过 20% 就是肥胖。

标准体重计算公式：

标准体重（千克）= 身高（厘米）-105

知道自己的体重类型和具体某一日所进行的活动强度类型后，就可以计算出自己该日每千克体重需要多少能量。

每日应摄取总能量的具体公式：

每日应摄取总能量 = 每日每千克体重所需能量 × 标准体重

例如：一位女士，身高160厘米，体重60千克，平时从事轻体力劳动。

第一步

计算标准体重：160-105=55(千克)

第二步

判断体重类型：这位女士实际体重为60千克，超过标准体重不到10%，属于正常体重类型。

第三步

判断活动强度：轻体力劳动

第四步

查找每日所需能量水平：正常体重下从事轻体力劳动，每日每千克体重需要125.4千焦能量。

每日每千克体重所需能量（单位：千焦/千克体重）				
体型	卧床	轻体力	中等体力	重体力
超重或肥胖	62.7	83.6~104.5	125.4	146.3
正常	62.7~83.6	125.4	146.3	167.2
消瘦	83.6~104.5	146.3	167.2	188.1~209

第五步

计算一日应摄取总能量：125.4×55=6897千焦≈1648千卡*。

每克糖类在体内可以产生4千卡的能量。根据每日应摄取总能量，我们就可以计算出健康减糖每日应该摄入的糖类的量。

———————————

*1千焦=0.2389千卡。

健康减糖每日的糖类摄入量具体公式：

> 每日的糖类摄入量 = 每日应摄取总能量 × 40% ÷ 4 千卡

上述例子中，这位女士每日的糖类摄入量应该为：

$1648 \times 40\% \div 4 \approx 165$ 克

小贴士

什么是BMI？

　　BMI，也就是身体质量指数，是评估体重与身高比例的参考指数，BMI的计算公式：体质指数（BMI）＝体重（kg）/[身高（m）×身高（m）]

成人体重判定

分类	BMI（kg/m²）
肥　　胖	BMI ≥ 28.0
超　　重	24.0 ≤ BMI<28.0
体重正常	18.5 ≤ BMI<24.0
体重过低	BMI<18.5

健康减糖要学会做减法

　　说到减糖，"减"是一定要做到的。如果你决定要开始减糖，那么，你可以这样给自己的饮食做减法。

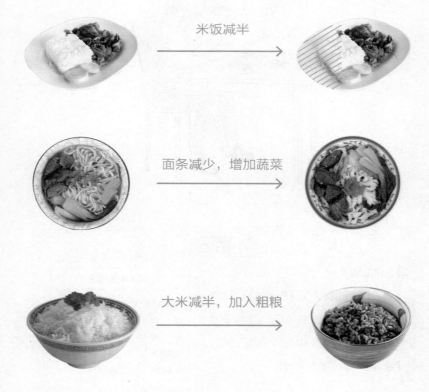

米饭减半

面条减少，增加蔬菜

大米减半，加入粗粮

低糖又健康的食物

牛肉 含糖量 0.5 克

富含优质蛋白

鸡肉 含糖量 0.9 克

低脂高蛋白

对虾 含糖量 2.8 克

补充蛋白质和钙

鲈鱼 含糖量 0.0 克

富含优质蛋白质、维生素

豆腐 含糖量 3.4 克

高蛋白，抗衰老

鸡蛋 含糖量 2.4 克

优质蛋白含量高

海带 含糖量 2.1 克

平稳血糖，能量低

黄瓜 含糖量 2.9 克

富含维生素 C，可降脂

西蓝花 含糖量 3.7 克

含蛋白质、膳食纤维、
维生素

减糖饮食，学会吃才能减糖！

03

减糖
饮食

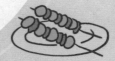

南瓜烩芦笋

1/2 份
含糖量
4.3 克

材料

南瓜 100 克，芦笋 50 克，蒜片、盐、料酒、香油、清汤、水淀粉、植物油各适量

做法

1. 南瓜洗净，去皮、籽，切长条；芦笋洗净，切段。
2. 锅内加油烧热，加入清水和少许盐烧沸，分别放入南瓜条、芦笋段焯透，捞出南瓜条和芦笋段，用冷水过凉，沥净水分。
3. 锅内加入植物油烧至五成热，下入蒜片炒香，放入南瓜条、芦笋段略炒，烹入料酒、清汤，加入盐调匀，用水淀粉勾薄芡，淋入香油，即可出锅。

扒鲜芦笋

材料

芦笋 200 克，猪里脊肉 50 克，红椒圈、葱花、姜末、盐、香油、鸡汤、水淀粉、料酒、植物油各适量

做法

1. 芦笋洗净，切段，放入沸水中焯烫捞出，控干水。
2. 猪里脊肉洗净，切成小细丝，备用。
3. 锅内加入植物油烧至八成热，放入葱花、姜末爆香，烹入料酒，加入鸡汤、猪里脊肉丝、芦笋段，用旺火烧沸，加入盐调味。
4. 水淀粉勾芡，加入香油炒匀，出锅装盘，加红椒圈点缀即可。

1/2 份
含糖量
3.0 克

爽口萝卜

材料

白萝卜 150 克，青椒丝、黄椒丝、盐、醋、生抽各适量

做法

1. 白萝卜洗净，去皮，切条，焯煮至熟，捞出，沥干水分。

2. 碗中加盐、醋、清水调匀，放入白萝卜条腌渍 4 小时，捞出，沥干水分，备用。

3. 青椒丝、黄椒丝和白萝卜条放入碗中，加入盐和生抽拌匀即可。

蒜泥莴笋肉

1/2 份
含糖量
2.8 克

材料

猪里脊肉 200 克，莴笋
100 克，大蒜、盐、酱油、
醋、香油各适量

做法

1. 猪里脊肉洗净，放入锅中，加入适量清水，
   用旺火煮熟，放凉后切片。
2. 大蒜洗净，捣成泥；莴笋去皮，洗净，切
   菱形片，放入沸水锅中焯水，捞出放凉。
3. 把处理好的猪里脊肉片和莴笋片放在大碗
   中，加入酱油、醋、香油、盐、蒜泥调味，
   拌匀即可。

1/2 份
含糖量
2.0 克

蒜蓉蒸丝瓜

材料

丝瓜 100 克，葱花、蒜末、胡椒粉、植物油、盐各适量

做法

1. 丝瓜洗净，去皮，切块，排放在盘中。
2. 锅内加入植物油烧热，把蒜末爆香后加入盐。
3. 爆香的蒜末铺在丝瓜上面，加胡椒粉拌匀。
4. 蒸锅加水烧开后，将丝瓜块带盘放入蒸锅，蒸 3 分钟后取出，撒上葱花。
5. 锅置火上，加适量植物油，烧热，浇在丝瓜上即可。

豉椒炒豆腐

材料

豆腐 200 克，红杭椒圈、豆豉、生抽、植物油、盐、清汤各适量

做法

1. 豆腐洗净，切块，煎锅中倒入植物油，将豆腐块煎至表面微黄，倒出控油。
2. 油锅烧热，爆香豆豉，下豆腐块略炒片刻。
3. 加入生抽、盐、清汤调味，翻炒收汁。
4. 加入红杭椒圈，翻炒均匀，装盘即可。

1/2 份

含糖量
3.4 克

姜丝鳕鱼

材料

鳕鱼中段 400 克，姜丝、香菜段、鸡汤、植物油、香油、料酒、醋、盐各适量

做法

1. 鳕鱼洗净，剔去鱼骨，切厚片。
2. 锅内加入植物油烧热，下入部分姜丝爆锅，加鸡汤、盐、料酒烧开。
3. 放入鱼片，小火炖约 5 分钟。
4. 加醋、香菜段、姜丝，淋上香油即可。

1/2 份
含糖量
1.0 克

红油猪肚丝

材料

猪肚 400 克，熟白芝麻、蒜蓉、姜丝、葱白丝、青椒丝、红椒丝、盐、红油、料酒、欧芹各适量

做法

1. 锅中注水，加入姜丝、葱白丝、料酒，水沸后放洗净的猪肚，煮熟捞出。
2. 猪肚凉凉，切丝，备用。
3. 加入盐、青椒丝、红椒丝、红油、蒜蓉、熟白芝麻拌匀，装盘，加欧芹点缀即可。

1/2 份
含糖量
1.4 克

京都嫩腰花

材料

猪腰 300 克，油菜 200 克，香菜段、干辣椒段、蒜末、生粉、生抽、料酒、盐、植物油各适量

做法

1. 猪腰洗净，除去腰臊，切块，改花刀，用盐、生粉、料酒腌渍，焯熟。
2. 油菜洗净，焯熟后和腰花摆入深盘中。
3. 干辣椒段下油锅煸香，加生抽、料酒、盐、蒜末制成酱汁，倒入盘中，撒上香菜段即可。

凉拌牛百叶

材料

牛百叶 200 克，青椒丝、红椒丝、盐、辣椒油、香油各适量

做法

1. 牛百叶洗净，切片。
2. 青椒丝、红椒丝焯熟，备用。
3. 将牛百叶片汆熟，至其爽脆，捞起，沥干水分。
4. 加入盐、香油、辣椒油，拌匀，撒上红椒丝、青椒丝即可。

香飘怪味鸡

材料

熟鸡肉 200 克，葱白、熟白芝麻、芝麻酱、花生碎、花椒粉、辣椒油、香油、生抽、醋、盐各适量

做法

1. 将盐、生抽、醋、芝麻酱、花生碎调匀。
2. 加入辣椒油、花椒粉、香油调成复合味的怪味汁。
3. 葱白洗净，切丝，放入盘中。
4. 鸡肉洗净，切粗丝，放在葱丝上面，淋上怪味汁。
5. 撒入熟白芝麻即可。

—— 营养小贴士 ——

　　鸡肉具有温中益气、补精填髓、益五脏、补虚损、健脾胃的功效，可用于脾胃气虚、阳虚引起的乏力、胃脘隐痛、浮肿、虚弱头晕等症，对于肾精不足所致的小便频数、耳聋、精少精冷等症也有很好的辅助疗效。

1/2 份
含糖量
0.9 克

红枣炖鸭肉

材料

鸭肉 500 克，红枣、葱段、姜片、西芹叶、枸杞子、盐各适量

做法

1. 鸭肉洗净，切块，入沸水中氽过备用。
2. 红枣、枸杞子挑去杂质，洗净。
3. 将鸭肉块与红枣、枸杞子放入砂锅中，加水，旺火烧沸。
4. 加姜片、葱段、盐，改用小火炖熟，盛在深碗内，放西芹叶即可。

1/2 份

含糖量
0.5 克

茭白肉丝

材料

茭白、猪瘦肉各 200 克，红辣椒、蒜末、鲜汤、胡椒粉、水淀粉、植物油、料酒、盐各适量

做法

1. 猪瘦肉洗净，切丝，加入盐、料酒、水淀粉抓匀，备用；红辣椒洗净，切圈。

2. 茭白去老根、外皮，洗净，切粗丝；将盐、胡椒粉、料酒、水淀粉、鲜汤调成味汁备用。

3. 锅内加入植物油烧热，放入猪瘦肉丝炒至变色，下入蒜末炒香；放入茭白丝翻炒，加入味汁、红辣椒圈，炒匀即可。

1/2 份
含糖量
0.7 克

蒜泥泡白肉

材料

五花肉 250 克，黄瓜 50 克，蒜泥、野山椒、辣椒油、泡菜水、生抽、盐各适量

做法

1. 野山椒泡入泡菜水中 30 分钟，备用。
2. 五花肉洗净，放入备好的泡菜水中煮熟，凉凉后切长片。
3. 黄瓜洗净，切细丝。
4. 将黄瓜丝卷入五花肉片，放入盘中。
5. 将蒜泥、辣椒油、盐、生抽拌成味汁，淋在五花肉片上即可。

芝麻神仙骨

材料

排骨 500 克，干辣椒段、熟白芝麻、蒜末、姜末、蛋黄、沙姜粉、水淀粉、植物油、香油、酱油、醋各适量

做法

1. 排骨洗净，切块，加入酱油、沙姜粉、蛋黄腌拌入味。
2. 锅内加入植物油烧热，放入排骨块炸至金黄色，捞出沥油。
3. 原锅留油烧热，放入蒜末、姜末、干辣椒段爆香，加入醋、水淀粉、香油、酱油调味，放入炸好的排骨炒匀。撒上熟白芝麻，出锅即可。

西施排骨煲

材料

排骨300克, 山药100克,
油菜80克, 蜜枣、肉清汤、
料酒、盐各适量

做法

1. 排骨洗净, 剁小块, 氽透。
2. 山药洗净, 切小块。
3. 油菜洗净, 取菜心。
4. 砂锅置火上, 放入肉清汤、料酒、排骨块,
   烧开后撇去浮沫。
5. 改用小火炖 3 小时至排骨块软烂, 加入山
   药块、蜜枣、油菜心煮熟, 加盐调味, 出
   锅装入碗中即可。

1/2 份
含糖量
1.4 克

豆腐烧肠

材料

豆腐 80 克，肥肠 200 克，葱花、姜末、蒜末、郫县豆瓣、料酒、盐、植物油各适量

做法

1. 豆腐、肥肠洗净，切块。
2. 锅内放入适量水烧开，下入豆腐块焯一会儿，捞出。
3. 锅内加入植物油烧热，下入姜末、蒜末、郫县豆瓣炒香。
4. 放入肥肠块炒熟，加入清水煮沸。
5. 加入豆腐块烧开，放入盐、料酒、葱花调味，即可出锅。

海派腰花

材料

猪腰 400 克，香菜段、小红辣椒、干辣椒、葱丝、姜丝、植物油、盐各适量

做法

1. 猪腰洗净，除去腰臊，划十字花刀，切成腰花。
2. 干辣椒洗净，切丝。
3. 小红辣椒洗净，切成小碎块。
4. 油锅烧热，下入腰花，加入盐滑熟，捞出，放入碗中。
5. 另起油锅，加入姜丝、香菜段、葱丝、干辣椒丝、盐炒匀，淋在腰花上，撒上切好的小红辣椒碎块即可。

--- 营养小贴士 ---

　　猪腰含有蛋白质、脂肪、糖类、钙、磷、铁和维生素等营养物质，有健肾补腰、和肾理气之功效，一般人群均可食用，尤其适宜肾虚、腰酸腰痛、盗汗者食用。需要特别注意的是，血脂偏高者、高胆固醇者忌食。

1/2 份
含糖量
0.0 克

061

豆芽油菜腰片汤

材料

猪腰 200 克，黄豆芽、油菜各 50 克，葱片、姜片、高汤、胡椒粉、植物油、香油、料酒、盐各适量

做法

1. 猪腰洗净，除去腰臊，切片，氽水后沥控干水分。
2. 黄豆芽洗净，焯水；油菜洗净，取菜心。
3. 油锅烧热，放入葱片、姜片、料酒爆锅，放入黄豆芽、油菜心炒一下，加入高汤、盐、胡椒粉调味。
4. 开锅后放入腰片煮 2 分钟，淋上香油，出锅即可。

茶香猪心

材料

猪心 300 克，香菜段、八角、花椒粒、胡椒粒、甘草、桂皮、茶叶、料酒、盐各适量

做法

1. 猪心洗净，切开，去白筋洗净，汆水，捞起沥干。
2. 加入甘草、八角、花椒粒、桂皮、茶叶、盐、料酒、胡椒粒，用旺火煮开。
3. 转小火，放入猪心略煮，再关火浸泡 2 小时，捞出。
4. 猪心放凉，切薄片，装入盘中，撒上香菜段即可。

风暴仔鸡

材料

三黄鸡 400 克，花生碎、葱花、姜末、鲜花椒、小米椒圈、干辣椒段、熟白芝麻、植物油、生抽、盐各适量

做法

1. 三黄鸡洗净，用滚水烫两遍。
2. 锅中加入清水，加入葱花、姜末、盐烧开。
3. 放入三黄鸡，小火烧开，关火浸泡 20 分钟，取出斩件，装入盘中。
4. 油锅烧热，放入干辣椒段、葱花、姜末爆香，拣去葱花、姜末，倒入盛放鲜花椒、小米椒圈的碗中，加入生抽、熟白芝麻调成味汁；将调好的味汁淋在鸡块上，撒葱花、花生碎即可。

1/2 份
含糖量
1.8 克

杭椒鱼炒虾

材料

草鱼肉 200 克，河虾仁 200 克，水发黑木耳 20 克，青杭椒、红杭椒、葱花、姜片、胡椒粉、蛋清、水淀粉、植物油、料酒、盐各适量

做法

1. 草鱼肉洗净，片成片；河虾仁洗净，去虾线。
2. 青杭椒、红杭椒斜切段；水发黑木耳撕小块。
3. 鱼片、河虾仁加盐、料酒、蛋清、水淀粉上浆，在油锅中滑熟，倒出备用。
4. 锅内留油烧热，放入葱花、姜片、青杭椒段、红杭椒段、料酒爆锅，放入鱼片、河虾仁、黑木耳块，用盐、胡椒粉调味，翻炒均匀，装盘即可。

1/2 份
含糖量
0.6 克

白切猪肚

1/2 份
含糖量
2.8 克

材料

猪肚头200克，胡萝卜50克，青椒丝、红椒丝、葱丝、姜丝、盐、香菜段、花椒、蚝油、生抽各适量

做法

1. 猪肚头洗净，放入锅中，加入水、花椒、姜丝、葱丝、盐煮熟。
2. 煮熟的肚头切片；胡萝卜洗净，切丝。
3. 将青椒丝、红椒丝、胡萝卜丝放入沸水锅中焯水捞出。
4. 碗中放入生抽、蚝油、青椒丝、红椒丝、胡萝卜丝、姜丝、葱丝拌入味，放入肚片，撒上香菜段，拌匀即可。

萝卜丝墨鱼

1/2 份
含糖量
3.9 克

材料

墨鱼 100 克，青萝卜 100 克，葱丝、姜丝、酱油、辣酱、盐、植物油各适量

做法

1. 墨鱼洗净，切条，锅内加入清水烧开，下入墨鱼，焯透捞出。
2. 青萝卜洗净，切丝，下入油锅煸炒至软。
3. 油锅烧热，放入葱丝、姜丝炒香，倒入墨鱼条炒至变色，下入青萝卜丝，加酱油、辣酱、盐调味，炒匀即可。

肚条豆芽汤

材料

猪肚 200 克，黄豆芽 100 克，葱、姜、胡椒粉、料酒、盐各适量

做法

1. 猪肚洗净，放入开水锅中汆熟，捞出沥干水分。
2. 黄豆芽择洗干净。
3. 汆好的猪肚切长条，放入砂锅内，加清水煮开。
4. 撇去浮沫，放入葱、姜、料酒，移至小火上炖约 1 小时。
5. 放入择洗好的黄豆芽同炖至肚条软烂，加盐、胡椒粉调味。
6. 取出葱、姜，盛入汤碗内即可。

—— 营养小贴士 ——

　　猪肚具有滋补虚损、健脾养胃的功效，对消化性溃疡、脾虚腹泻、虚劳瘦弱、消渴、小儿疳积、尿频或遗尿都有很好的食疗作用。

1/2 份
含糖量
2.5 克

脆椒鸭丁

材料

鸭腿肉 400 克，花生米 50 克，干辣椒段、蛋清、水淀粉、郫县豆瓣、植物油、红油、香油、料酒、盐各适量

做法

1. 花生米放入沸水中煮 1 分钟，取出沥干，放入热油中炸脆捞出，去皮。

2. 鸭腿肉洗净，切丁，用盐、蛋清、水淀粉上浆。

3. 油锅烧热，将鸭丁炸至八成熟，捞出控油。

4. 锅内留油，放入干辣椒段煸炒，加郫县豆瓣炒香，加入料酒、盐，倒入鸭丁翻炒。

5. 撒花生米，炒匀，淋上红油、香油即可。

1/2 份
含糖量
1.8 克

竹笋烧牛腩

材料

牛腩 200 克，竹笋 100 克，葱花、姜片、郫县豆瓣、高汤、水淀粉、植物油、料酒、盐、点缀用绿叶菜各适量

做法

1. 牛腩洗净，切块；竹笋洗净，切段。
2. 锅内加入植物油烧热，下入牛腩块，小火煸炒至水分收干。
3. 放入郫县豆瓣、料酒、姜片、葱花炒香，加入高汤旺火烧沸，撇去浮沫，改用小火煨 20 分钟。
4. 放入竹笋段，再煮 10 分钟，加入盐。
5. 用水淀粉勾芡，出锅装盘，用绿叶菜点缀即可。

金菇爆肥牛

材料

牛里脊肉 350 克，金针菇 100 克，青椒丝、红椒丝、姜丝、植物油、黄油、料酒、盐各适量

做法

1. 金针菇洗净，去根部，焯水，捞出；牛里脊肉洗净，汆水，捞出，切片。
2. 锅内加入植物油、黄油烧热，下入姜丝炒香，放入金针菇、牛里脊肉片，烹入料酒；放入青椒丝、红椒丝炒匀，加盐，旺火炒匀，出锅装盘即可。

1/2 份
含糖量
3.0 克

干煸鱿鱼

材料

鱿鱼 400 克, 芹菜段 100 克, 干辣椒段、生抽、蚝油、淀粉、盐、植物油各
适量

做法

1. 鱿鱼撕去外皮, 剪开, 去除内脏, 洗净, 切条状, 拍上淀粉备用。

2. 油锅烧至七成热, 放入拍好淀粉的鱿鱼, 炸至金黄色, 取出控油。

3. 锅留底油, 放入芹菜段煸炒, 放入干辣椒段略炒, 加入鱿鱼条、生抽、
   盐、蚝油炒匀即可。

1/2 份
含糖量
1.6 克

虾酿黄瓜

材料

黄瓜 100 克，虾仁、猪肥瘦肉、蘑菇、鲜冬笋各 50 克，蛋清、胡椒粉、豆粉、料酒、盐各适量

做法

1. 蘑菇、鲜冬笋、猪肥瘦肉洗净，剁成细粒，加盐、料酒、胡椒粉、蛋清、豆粉拌成馅儿。
2. 黄瓜洗净，切段，去瓤后稍煮，再填入馅儿至平，上面摆上虾仁。
3. 入笼蒸约 5 分钟，取出摆入盘中即可。

—— 营养小贴士 ——

虾富含蛋白质、磷、钾、钠、钙、维生素 E 等，适宜腰脚虚弱无力、小儿麻疹、水痘、中老年人缺钙所致的小腿抽筋等病症者及孕妇食用。

烹饪提示：煮虾的时候滴少许醋，可让煮熟的虾壳鲜红亮丽，壳和肉也容易分离。

热炒百叶

材料

牛百叶 250 克，松子仁 50 克，香菜段、胡椒粉、辣椒粉、香油、醋、盐各适量

做法

1. 牛百叶洗净，用热水稍烫，刮去黑皮。
2. 处理后的牛百叶切丝，氽熟备用。
3. 锅内加入香油烧热，下入香菜段炒香。
4. 依次加入牛百叶丝、松子仁、盐、辣椒粉、醋、香油、胡椒粉，炒匀即可。

--- 营养小贴士 ---

　　牛肚，别名百叶、肚尖、牛胃、毛肚。具有补益脾胃、补气养血、补虚益精、消渴之功效。适合病后虚弱、气血不足、营养不良、脾胃虚弱者食用，尤其适合因气血不足和脾胃不和所引起的失眠患者食用。

　　优质的牛肚组织坚实，有弹性，黏液较多，色泽略带浅黄；购买时不要挑选颜色很白的牛肚，因为很可能是漂白的。挑选牛肚时注意外面要干净，切忌有草料或粪渣类污物，因为很难清理干净。

1/2 份
含糖量
3.0克

红烧羊肉

材料

羊里脊肉 500 克，葱段、葱花、姜块、干辣椒段、八角、水淀粉、酱油、料酒、盐各适量

做法

1. 羊里脊肉洗净，放入清水锅中，用中火烧开，取出洗净。
2. 将羊里脊肉、料酒、酱油、干辣椒段、八角、盐、葱段、姜块放入锅中，加入清水，旺火烧开，撇去浮沫，小火焖 3 小时，待肉熟透，取出肉块。
3. 肉块切成小方块，放入原汁锅中用旺火收汁，用水淀粉勾芡，撒入葱花，出锅即可。

1/4 份
含糖量
2.0 克

芥末菠菜拌毛蛤蜊

1/2 份
含糖量
4.5 克

材料

毛蛤蜊、菠菜各 50 克，
白萝卜丝、姜丝、盐、芥末、
醋、香油各适量

做法

1. 毛蛤蜊洗净，放入沸水锅中略烫取出，去
   壳留肉。
2. 菠菜洗净，去老根，放入开水锅中焯熟，
   取出切段。
3. 将菠菜段、毛蛤蜊肉放入容器，加入姜丝、
   白萝卜丝、芥末、醋、盐、香油拌匀，装
   盘即可。

鱼羊鲜

材料

鳜鱼 300 克，羊肉 250 克，葱丝、香菜段、姜片、胡椒粉、植物油、酱油、料酒、盐各适量

做法

1. 鳜鱼、羊肉处理干净，分别切块。
2. 锅内加入植物油烧热，放入葱丝、姜片煸香，下入鳜鱼块煎至变色。
3. 依次放入羊肉块、酱油、盐、料酒、清水，炖至羊肉块熟烂。
4. 用旺火收浓汁，撒上胡椒粉，装入盘中，撒上葱丝、香菜段即可。

手工
凉粉

所需食材：

冬瓜烩羊肉丸

1/2 份
含糖量
3.5 克

材料

羊后腿肉 300 克，冬瓜 200
克，鸡蛋 1 个，葱段、姜末、
香菜段、胡椒粉、植物油、
盐各适量

做法

1. 冬瓜去皮洗净，切块；羊后腿肉去除筋膜，
   洗净，剁成蓉，加入姜末、盐、鸡蛋、胡
   椒粉拌匀，挤成小丸子。

2. 油锅烧至六成热，下入羊肉丸子炸熟，捞
   出沥油。

3. 锅中倒入清水烧沸，加入盐、葱段、冬瓜块
   煮沸，放入羊肉丸子，撇去浮沫，转小火煮
   至熟烂，出锅盛入碗中，撒上香菜段即可。

羊肉炖萝卜

材料

羊肉 200 克，白萝卜 100 克，香菜段、姜片、胡椒粉、醋、盐各适量

做法

1. 羊肉洗净，切块，焯水。
2. 白萝卜洗净，切块。
3. 将羊肉块、姜片、盐放入锅中，加适量清水，旺火烧开。
4. 改小火熬 1 小时，再放入萝卜块煮熟。
5. 加入香菜段、胡椒粉、醋调匀，出锅即可。

—— 营养小贴士 ——

　　羊肉具有温胃散寒、益气补虚的作用，可增加消化酶，保护胃壁，帮助消化。脾胃虚寒的人寒冬可常吃羊肉，能促进血液循环，使皮肤红润，增强御寒能力。

1/2 份
含糖量
3.6 克

手抓羊肉

材料

羊肋排500克，姜片、香菜叶、葱段、黑胡椒、花椒、香叶、枸杞子、草果、料酒、盐各适量

做法

1. 羊肋排洗净，剁成大块。
2. 下入沸水锅中，加料酒氽一下，捞出，控净血水。
3. 将花椒、香叶、黑胡椒、草果用纱布包成料包。
4. 汤锅置旺火上，放入葱段、姜片、枸杞子、料包、料酒、盐、羊肉块，开锅后转小火煮50分钟。
5. 出锅，加香菜叶点缀即可。

营养小贴士

羊肉中含有丰富的蛋白质、脂肪，同时还含有钙、磷、铁、钾、碘等矿物质元素，营养十分丰富。一般人群均可食用羊肉，尤其适宜体虚胃寒者。但有发热、牙痛、口舌生疮、咳吐黄痰等上火症状者不宜食用，肝病、高血压、急性肠炎患者忌食，发热期间也不宜食用。

1/2 份
含糖量
4.0 克

085

1/2 份
含糖量
4.4 克

豆豉拌兔丁

材料

兔肉 500 克，熟花生仁 20 克，葱段、姜片、豆豉、郫县豆瓣、花椒粉、辣椒油、植物油、香油、生抽各适量

做法

1. 兔肉洗净，和姜片、葱段一起放入温水锅中煮熟，捞出凉凉，切丁。
2. 郫县豆瓣剁细，熟花生仁去皮。
3. 油锅烧热，放入剁细的豆瓣炒香，加入豆豉略炒，起锅，加入生抽、辣椒油、香油、花椒粉，调成味汁。
4. 将葱段、兔肉丁、花生仁放入碗中，倒入味汁拌匀即可。

宫廷兔肉

材料

兔肉 500 克，姜片、蒜末、花椒、郫县豆瓣、辣椒酱、高汤、植物油、红油、料酒各适量

做法

1. 兔肉洗净，切丁，放入沸水锅中氽水，捞起备用。
2. 油锅烧热，下入蒜末、姜片、红油、花椒煸香，放入兔肉丁煸炒出香味。
3. 下入料酒、辣椒酱、郫县豆瓣，加入高汤焖至入味，出锅装盘即可。

红烧鸡块

材料

鸡1只（约500克），小米椒、姜块、蒜片、香油、酱油、料酒、盐各适量

做法

1. 鸡洗净，切块，沥干水分。
2. 小米椒切圈，备用。
3. 锅中加入香油烧至六成热，放入姜块、小米椒圈煸香，倒入鸡块、蒜片翻炒。
4. 加料酒、酱油、盐调味，盖上盖，焖20分钟。
5. 旺火收汁，出锅装盘即可。

营养小贴士

　　鸡肉中不仅蛋白质的含量比较高，而且还含有维生素A、维生素C、维生素 B_1、维生素 B_2、烟酸、钙、磷、铁等多种营养成分，适当食用不仅可为机体提供营养、能量，还可以保证机体内蛋白质及维生素的含量充足，有助于补气，也可有效提高受损肝组织及肝细胞的修复与再生功能，帮助补肝。

1/2 份
含糖量
2.3 克

089

剁辣椒蒸鸡

材料

土鸡 1 只（约 800 克），剁辣椒、葱丝、姜末、蒜末、蚝油、植物油、红油、香油、料酒、盐各适量

做法

1. 土鸡洗净，剁块，加入料酒、盐腌渍入味。
2. 鸡块放入沸水中汆水，捞出沥干水分。
3. 剁辣椒盛入碗中，放植物油、蚝油、红油，加入姜末、蒜末、盐拌匀。
4. 鸡块放入拌匀的剁辣椒中，拌匀，使剁辣椒都裹在鸡块上。
5. 将裹满剁辣椒的鸡块平铺在盘中，上笼蒸 15 分钟至鸡块软烂后取出，淋上香油、撒葱丝即可。

营养小贴士

　　新鲜的鸡肉肉质紧密，颜色呈干净的粉红色且有光泽，鸡皮呈米色，并有光泽和张力，毛囊突出。鸡肉较容易变质，购买后要马上放入冰箱冷冻保存。如果一时吃不完，最好将剩下的鸡肉煮熟保存。

莴笋凤凰片

材料

鸡胸肉 400 克，莴笋 100 克，葱花、姜末、胡椒粉、水淀粉、植物油、料酒、盐各适量

做法

1. 鸡胸肉洗净，切片，用水淀粉、料酒拌匀。
2. 莴笋洗净，切菱形片。
3. 锅内加入植物油烧热，下鸡片过油，待肉片变色后盛出。
4. 另起锅加入植物油烧热，加葱花、姜末炒出香味，倒入莴笋片翻炒几下。
5. 再放入鸡片，调入盐、料酒、胡椒粉，加入水淀粉勾芡后出锅即可。

营养小贴士

　　一般人群均可食用鸡肉，老人、体弱者更宜食用。但内火偏旺、痰湿偏重、感冒发热、胆囊炎、胆石症、肥胖症、热毒疗肿、高血压、高血脂、尿毒症、严重皮肤疾病等患者应慎食或少食鸡肉。

麻辣海带丝

材料

海带丝 100 克，辣椒粉、花椒粉、香油、辣椒油、生抽、盐各适量

做法

1. 锅内加入清水烧沸，放入海带丝煮熟，捞出凉凉。
2. 将生抽、盐、辣椒油、花椒粉调成麻辣汁。
3. 调好的麻辣汁浇在海带丝上拌匀，淋上香油，撒上辣椒粉即可。

茄子焖鸡片

材料

鸡胸肉 200 克，茄子 150 克，青椒、干辣椒段、姜片、豆豉、辣酱、清汤、淀粉、植物油、生抽、盐各适量

做法

1. 茄子洗净，切小片；青椒洗净，去蒂、籽，切菱形片，焯水；鸡胸肉洗净，切片，加盐、淀粉拌匀，汆水断生。
2. 锅内加入植物油烧热，下干辣椒段、姜片、豆豉、辣酱、茄子片炒香。
3. 加适量清汤，改小火焖至茄子片松软。
4. 下鸡胸肉片、青椒片，加盐、生抽调味，翻锅收汁即可。

1/2 份
含糖量
4.3 克

1/2 份
含糖量
0.0 克

双椒鸡块

材料

鸡腿 300 克，蛋清、青辣椒、红辣椒、姜末、蒜末、水淀粉、植物油、香油、酱油、醋各适量

做法

1. 鸡腿去骨，洗净，切块，加蛋清、酱油拌匀；青辣椒、红辣椒去蒂、籽，洗净，切长片。
2. 油锅烧热，放入鸡块炸熟，捞出沥油。
3. 锅中留油烧热，放青辣椒片、红辣椒片翻炒，再放入鸡块，加酱油、醋、蒜末、姜末拌炒均匀。
4. 用水淀粉勾芡，淋上香油，装盘即可。

捶烩鸡丝

材料

鸡胸肉 200 克，冬笋丝、
水发黑木耳丝各 50 克，
葱丝、姜丝、香菜段、淀粉、
酱油、料酒、盐各适量

做法

1. 鸡胸肉洗净，加入少许料酒、盐略腌，再
   裹匀淀粉，放在案板上，用木槌轻轻捶打，
   边捶边撒淀粉。
2. 待鸡肉延展成半透明的大薄片，切丝。
3. 锅内倒入清水烧沸，再放入鸡丝滑散，加
   入冬笋丝、水发黑木耳丝、葱丝、姜丝、盐、
   料酒、酱油，烧至汤汁浓稠。
4. 撒入香菜段，装盘即可。

豌豆苗滑炖鸡

材料

鸡腿肉 200 克，豌豆苗 50 克，姜丝、剁椒、番茄酱、水淀粉、植物油、盐各适量

做法

1. 鸡腿肉洗净，去骨，切块，加盐、水淀粉、植物油腌渍 3 分钟。
2. 豌豆苗洗净，切段。
3. 锅中加水，淋少许植物油，待水开后倒入鸡腿肉块，滑熟捞出。
4. 油锅烧热，下姜丝爆香，加剁椒、番茄酱炒香，冲入开水。
5. 烧开后放入鸡腿肉块，加盐，小火炖 5 分钟。
6. 下豌豆苗段炖熟即可。

— 营养小贴士 —

　　豌豆苗富含钙、B 族维生素、维生素 C、胡萝卜素、抗坏血酸，有降低血压、延缓衰老的功效。一般人群均可食用豌豆苗，尤其适用于热性体质的人食用。
　　烹饪豌豆苗时，先加点黄油，然后再放盐，就能去除豆腥味。

1/2 份
含糖量
0.3 克

葱爆鸭片

材料

鸭腿肉 300 克，葱白、葱花、植物油、酱油、盐各适量

做法

1. 鸭腿肉洗净，切片；将葱白切成粗条。
2. 油锅烧至七成热，放入鸭片翻炒均匀。
3. 加入葱白粗条翻炒，放入盐，烹入酱油迅速翻炒。
4. 待鸭片炒熟，挂色均匀时，出锅，撒葱花，装盘即可。

鱼片香汤

材料

鲈鱼 300 克,胡萝卜 50 克,葱丝、姜片、香菜段、高汤、料酒、盐各适量

做法

1. 鲈鱼宰杀处理干净,斩掉头,剔骨,鱼肉切片,洗净。
2. 鱼片用盐、料酒腌入味;胡萝卜去皮洗净,切丝。
3. 葱丝、胡萝卜丝、香菜段加少许盐拌匀。
4. 锅中加适量高汤煮沸,下入鱼片、姜片、料酒汆熟。
5. 加入盐调味,出锅后撒上拌好的葱丝、胡萝卜丝、香菜段即可。

白炒鱼片

材料

草鱼1条（约600克），黄瓜片、胡萝卜片各15克，水发黑木耳片20克，葱花、姜末、蒜末、水淀粉、植物油、料酒、酱油、香醋、盐各适量

做法

1. 草鱼洗净，取下净鱼肉，斜刀片成片，放入碗中，加盐、料酒、水淀粉拌匀上浆。
2. 锅内加入植物油，下鱼片滑油至熟，捞出控油。
3. 锅内留油烧热，炒香葱花、姜末、蒜末，依次放入黄瓜片、胡萝卜片、水发黑木耳片、鱼片、盐、香醋、料酒、酱油。
4. 炒匀后用水淀粉勾芡，淋明油即可。

—— 营养小贴士 ——

　　草鱼不仅肉质嫩软、易消化，而且含有丰富的蛋白质和脂肪。除了优质蛋白质外，草鱼的脂肪主要是以不饱和脂肪酸为主，不但能为糖尿病患者提供必需的营养素，而且还能调脂，对调节血糖有一定作用。

1/4 份
含糖量
0.7 克

大蒜家常豆腐鱼

材料

鲤鱼 1 条（约 500 克），豆腐条 100 克，郫县豆瓣、酱油、料酒、盐、葱段、姜片、蒜瓣、水淀粉、植物油各适量

做法

1. 油锅烧热，将收拾干净的鲤鱼下锅，炸至两面金黄色时捞出。
2. 余油倒出，留少许，把郫县豆瓣、蒜瓣下锅稍炒。
3. 待出香味时把葱段、姜片、酱油、料酒、盐和豆腐条一同下锅，烧开。
4. 改用小火慢烧，待鱼烧透，将鱼和豆腐条捞在盘中。
5. 将锅中汤加水淀粉勾芡，浇在鱼上即可。

1/2 份
含糖量
3.0 克

鲤鱼炖冬瓜

材料

鲤鱼1条（约500克），
冬瓜100克，葱段、姜块、
香菜叶、盐、胡椒粉、香
油各适量

做法

1. 鲤鱼收拾干净；冬瓜去瓤，洗净，切块，
   下沸水焯透，捞出，沥净水分。
2. 锅内倒入适量清水烧开，下入鲤鱼、葱段、
   姜块、盐炖至八分熟。
3. 放入冬瓜块炖熟，去葱段、姜块，撒胡椒粉、
   香菜叶，淋上香油即可。

1/2 份
含糖量
2.5克

鳜鱼丝油菜

材料

鳜鱼肉 250 克，油菜心 100 克，蛋清、葱段、姜片、枸杞子、鸡汤、水淀粉、胡椒粉、植物油、料酒、盐各适量

做法

1. 油菜心洗净，焯水，捞出冲凉。
2. 鳜鱼肉洗净，切丝，放料酒、盐、蛋清、水淀粉上浆；放入开水锅中滑熟，捞出。
3. 锅内加入植物油烧热，放葱段、姜片，炒香捞出。
4. 放油菜心、盐、枸杞子、鸡汤、料酒、胡椒粉、鳜鱼丝，烧开去浮沫。
5. 用水淀粉勾芡，出锅即可。

营养小贴士

　　鳜鱼又称鳌花鱼，味道鲜美，营养丰富，富含蛋白质、脂肪、维生素 B_1、维生素 B_2、烟酸及各种矿物质元素等营养成分。鳜鱼肉质易于消化吸收，而且吸收率高，经常食用可补气血、益脾胃、健脑益智、增强体质。

1/2 份
含糖量
1.0 克

1/2 份
含糖量
4.2 克

草菇虾仁

材料

虾仁 300 克，草菇 100 克，胡萝卜 50 克，葱段、胡椒粉、植物油、料酒、盐、薄荷叶各适量

做法

1. 虾仁洗净，沥干水分；草菇洗净，切块，焯烫后捞出凉凉；胡萝卜去皮，洗净，切片。
2. 锅内加入植物油烧热，放入虾仁炸至变红，捞出控油。
3. 锅内留油，炒葱段、胡萝卜片、草菇块，将虾仁回锅，加料酒、盐、胡椒粉炒匀，盛出，用薄荷叶点缀即可。

虾仁蒸豆腐

材料

虾仁、豆腐各 100 克，鸡蛋 2 个，葱汁、姜汁、水淀粉、香油、料酒、盐各适量

做法

1. 豆腐洗净，切丁，放入沸水中略烫捞出。
2. 将鸡蛋磕入碗中，加入葱汁、姜汁、盐、清水、水淀粉、豆腐丁搅匀。
3. 虾仁洗净，加盐、料酒腌渍入味，整齐地摆放在豆腐丁、鸡蛋液上，放入蒸笼中，用中火蒸 15 分钟取出，淋入香油即可。

蛏子蒸丝瓜

材料

蛏子 200 克，丝瓜 100 克，葱花、姜丝、蒜末、香菜末、盐、料酒、植物油各适量

做法

1. 蛏子放盐水里养几个小时，让其吐尽沙泥。
2. 丝瓜去皮，洗净，切滚刀块，放盘子里。
3. 将洗净的蛏子铺在丝瓜上，放姜丝、蒜末，撒上盐、料酒、淋植物油。
4. 待水烧开，放入锅内，旺火蒸 6 分钟，出锅撒葱花、香菜末即可。

1/2 份
含糖量
4.1 克

洋葱炒芦笋

材料

洋葱 50 克，芦笋 100 克，
盐、植物油各适量

做法

1. 芦笋洗净，切斜段；洋葱去皮，洗净，切片。
2. 锅内加入水烧开，下入芦笋段稍焯片刻，捞出，沥干水分，装盘备用。
3. 锅内加入植物油烧热，下入洋葱片爆香，再下入芦笋段稍炒，加盐炒匀即可。

1/2 份
含糖量
3.9 克

111

洋葱辣牛肉

材料

牛里脊肉 200 克，洋葱 30 克，葱花、辣椒油、香油、醋、盐、植物油、花椒、八角、葱段、姜片各适量

做法

1. 洋葱去皮，洗净，切丝。
2. 牛里脊肉洗净，备用。
3. 锅内加入植物油，将洋葱丝稍微煸炒，捞起。
4. 锅内加入水烧开，放入牛里脊肉、花椒、八角、葱段、姜片，煮熟。
5. 捞出煮熟的牛里脊肉，切片，放进洋葱丝里拌匀。
6. 将辣椒油、香油、醋、盐放入小碗中调匀，淋在牛肉片、洋葱丝上，撒上葱花即可。

营养小贴士

　　牛肉补脾胃、益气血、强筋骨、消水肿，适宜病后体虚、气短体虚、筋骨酸软、贫血久病者食用。烹调牛肉时，最好横切，以斩断粗壮的纤维组织和结缔组织，而且炖煮的时间要长，否则既不易入味，也不易咀嚼，难消化。

1/2 份
含糖量
3.8克

丝瓜炒鸡蛋

1/2 份
含糖量
3.2 克

材料

丝瓜 100 克；鸡蛋 2 个，红辣椒圈、植物油、料酒、盐各适量

做法

1. 鸡蛋打散，加入少量盐、料酒，搅拌均匀。
2. 丝瓜去皮，洗净，切片。
3. 油锅烧热，倒入鸡蛋液炒熟，盛碗备用。
4. 锅内留油，倒入丝瓜片炒熟，加入红辣椒圈和炒熟的鸡蛋同炒，调入盐，翻炒均匀即可。

西红柿炒鸡蛋

材料

西红柿 150 克，鸡蛋 2 个，葱花、盐、酱油、香油、植物油、欧芹各适量

做法

1. 西红柿洗净，切小块。
2. 鸡蛋磕入碗中，加盐，搅打均匀。
3. 油锅烧热，放入鸡蛋液炒至金黄色盛出。
4. 锅内留油，放入西红柿块炒香，加入鸡蛋炒匀，再调入盐、酱油、香油，炒至入味，装盘，撒上葱花，盘中加欧芹点缀即可。

1/2 份
含糖量
3.7 克

红烧家乡菇

材料

平菇 300 克，韭菜 100 克，蒜片、酱油、料酒、胡椒粉、植物油、盐各适量

做法

1. 平菇去掉老根，洗净，切片；韭菜洗净，切段。
2. 锅内放适量水烧开，下平菇稍煮，捞出。
3. 锅内加入植物油烧热，放入蒜片爆香，烹入料酒、酱油，加水。
4. 平菇下锅，烧开，转小火慢烧。
5. 待平菇烧透，加韭菜段，调入盐、胡椒粉炒匀，装盘即可。

—— 营养小贴士 ——

　　平菇富含蛋白质、钙、铁、钠、B 族维生素、维生素 C、氨基酸等。一般人群均可食用平菇，尤其适合肝炎、慢性胃炎、软骨病、高血压、高血脂、尿路结石等病症患者食用。烹饪平菇时，不宜加过多的调料，以免失去其本身鲜美的味道。

1/4 份

含糖量
4.6 克

香菇冬笋

材料

鲜香菇 50 克，冬笋 100 克，青椒丁、葱花、姜末、川味辣酱、水淀粉、植物油、辣椒油、料酒、盐各适量

做法

1. 鲜香菇、冬笋洗净，切丁。
2. 把鲜香菇丁、冬笋丁放入沸水锅中氽烫一下，捞出控水。
3. 油锅烧热，放入葱花、姜末、川味辣酱爆香，加入料酒、盐调味。
4. 放入青椒丁、鲜香菇丁、冬笋丁，旺火翻炒收汁。
5. 水淀粉勾芡，淋辣椒油翻炒均匀，出锅即可。

—— 营养小贴士 ——

香菇中含有较丰富的硒，能降低血糖，改善糖尿病症状。但香菇为"发物"，脾胃寒湿、气滞者和患有顽固性皮肤瘙痒症者不宜食用。

在泡发干香菇的水中加少许白糖，能很快地发好香菇，而且味道更加鲜美。

1/2 份

含糖量
4.6克

119

蒜蓉豌豆苗

材料

豌豆苗 200 克，蒜末、盐、植物油各适量

做法

1. 油锅烧热，倒入蒜末爆香。
2. 放入洗净的豌豆苗，翻炒均匀。
3. 加入适量盐快速炒匀，直至入味。
4. 关火后将炒好的豌豆苗盛出，撒上少许蒜末，装盘即可。

1/2 份
含糖量
2.6 克

清炒芦笋

材料

芦笋 200 克，枸杞子、盐、醋、植物油、欧芹、沙漠玫瑰各适量

做法

1. 芦笋洗净，沥干水分。
2. 油锅烧至七成热，放入芦笋翻炒，放入适量醋炒匀。
3. 调入盐，炒入味后装盘，撒上枸杞子，用欧芹、沙漠玫瑰点缀。

1/2 份
含糖量
3.3 克

黑椒鸭丁

材料

鸭腿肉 200 克，彩椒、洋葱各 50 克，鸡蛋 1 个，黑椒汁、胡椒粉、植物油、老抽、香油、蚝油、生抽、料酒、盐、水淀粉各适量

做法

1. 鸭腿肉洗净，去骨，切丁，放老抽、盐、鸡蛋、水淀粉，拌匀上浆。
2. 彩椒、洋葱洗净，切丁。
3. 油锅烧至四五成热时，放入浆好的鸭丁炒熟，捞出控油。
4. 锅内留少许底油，放洋葱丁炝锅煸出香味，放彩椒丁、鸭丁、料酒、黑椒汁、蚝油、生抽、盐、胡椒粉、水，翻炒。
5. 用水淀粉勾芡，翻炒均匀，淋上香油即可。

--- 营养小贴士 ---

鸭肉富含优质蛋白、脂肪、烟酸、B 族维生素及钙、磷、铁等微量元素。鸭肉有消肿止痢、止咳化痰的功效，适合体质虚弱、食欲不振、大便干燥、发热水肿的人食用，却易加重胃部虚冷、腹泻清稀等症，因此脾胃虚寒的人不宜食用。

1/2 份
含糖量
3.8 克

123

1/2 份
含糖量
3.3 克

一品素笋汤

材料

竹笋 100 克，水发黑木耳 50 克，葱花、姜末、香菜叶、盐、鲜清汤各适量

做法

1. 竹笋洗净，切成长条，用开水汆烫一下。
2. 水发黑木耳适当切一下。
3. 锅内倒入鲜清汤烧开，加入葱花、姜末、盐调味。
4. 放入竹笋条、黑木耳，烧至汤沸，撇去浮沫，放入香菜叶，出锅装盘。

肉丝金针菇

1/2 份
含糖量
3.0 克

材料

金针菇 100 克，猪里脊肉 200 克，香菜段、葱丝、姜丝、水淀粉、植物油、香油、醋、酱油、料酒、盐各适量

做法

1. 猪里脊肉洗净，切丝。
2. 金针菇去根部，洗净，切段。
3. 油锅烧热，下入肉丝煸炒至变色，放入葱丝、姜丝、料酒、醋、酱油、金针菇翻炒。
4. 加入少许清水烧沸，调入盐，用中火烧至浓稠，用水淀粉勾芡。
5. 淋上香油，撒上香菜段，装盘即可。

黑木耳拌豇豆

材料

水发黑木耳 40 克，豇豆 100 克，蒜末、葱花、生抽、醋、香油、植物油、盐各适量

做法

1. 豇豆洗净，切段；水发黑木耳洗净，适当切一下。
2. 锅中注水烧开，加入盐、少许植物油。
3. 倒入豇豆段，搅匀，煮约半分钟；放入黑木耳，搅匀，煮 2 分钟后捞出，沥干水分。
4. 将黑木耳、豇豆段装盘，加入蒜末、葱花、盐、生抽、醋、香油，搅拌均匀即可。

1/2 份
含糖量
4.1 克

蛏干烧萝卜

材料

白萝卜100克，五花肉100克，蛏干10克，葱花、葱段、姜片、盐、料酒、胡椒粉、水淀粉、鸡汤、植物油各适量

做法

1. 五花肉洗净，切大片；白萝卜洗净，去皮，切斜条；蛏干泡发，洗净。
2. 锅内加入植物油烧热，下入肉片、蛏干，烹料酒，加入葱段、姜片、水炒匀。
3. 出锅上笼蒸软烂，去掉肉片、葱段、姜片。
4. 锅内加入植物油烧热，下入白萝卜条，加入鸡汤、盐和蛏干，焖入味，用水淀粉勾芡。
5. 撒入胡椒粉和葱花，装盘即可。

海带拌豆苗

材料

海带 70 克，豌豆苗 100 克，红辣椒圈、蒜末、盐、醋、香油、植物油各适量

做法

1. 海带洗净，切丝；豌豆苗洗净。
2. 锅中注水烧开，加入少许植物油、盐，放入海带丝、豌豆苗、红辣椒圈，略煮，捞出，装盘。
3. 放入蒜末、盐、醋、香油，拌匀即可。

菠菜炖豆腐

材料

豆腐 200 克，菠菜 50 克，高汤、蒜末、盐、生抽、水淀粉、植物油各适量

做法

1. 菠菜洗净，切段；豆腐洗净，切块，放入沸水锅，加入少许盐，煮约半分钟，捞出。
2. 锅内加入植物油，爆香蒜末，放入菠菜段，炒至变软，加入高汤、豆腐块。
3. 加入盐炒匀，淋入少许生抽，煮至食材入味，倒入少许水淀粉勾芡，炒至食材熟透即可。

酸辣莜麦菜

材料

莜麦菜 300 克，红辣椒圈、青辣椒圈、蒜蓉、生抽、盐、醋、香油、蚝油各适量

做法

1. 莜麦菜洗净，切成长度相等的段。
2. 把莜麦菜放入沸水中焯水至熟，捞出沥干，装盘待用。
3. 将红辣椒圈、青辣椒圈加蒜蓉、生抽、醋、香油、蚝油、盐拌匀调成味汁，淋在莜麦菜上即可。

1/2 份
含糖量
3.1 克

凉拌海蜇皮

材料

海蜇皮 200 克，黄瓜丝 50 克，姜末、盐、醋、生抽、香油各适量

做法

1. 海蜇皮洗净，切丝，放入凉水内浸泡。
2. 加姜末、醋、生抽、香油、盐拌成味汁。
3. 将海蜇皮丝捞出，控干水分，放入盘内，将味汁浇在海蜇皮上。
4. 将黄瓜丝撒在上面，食时拌匀即可。

1/2 份
含糖量
4.5 克

凉拌苦菊

1/2 份
含糖量
3.7 克

材料

苦菊 100 克，樱桃萝卜 20 克 ，蒜末、盐、白胡椒、熟白芝麻、香油、料酒各适量

做法

1. 苦菊洗净，沥干，切小段；樱桃萝卜洗净，切片。

2. 将苦菊段、萝卜片放入容器中，加入蒜末、盐、料酒、白胡椒、熟白芝麻拌匀。

3. 淋上香油，拌匀即可。

葱油莴笋条

材料

莴笋 200 克，葱花、盐、香油、花椒、植物油、胡萝卜片、香菜叶各适量

做法

1. 莴笋去皮洗净，切长条。
2. 锅内加入水烧开，将莴笋条放入开水中焯熟，捞出，放入盘中。
3. 油锅烧热，放入葱花、花椒炒香，加入盐、香油调成味汁，浇在莴笋条上即可。
4. 用胡萝卜片、香菜叶装饰。

拌双花

材料

菜花 100 克，西蓝花 80 克，盐、醋、辣椒油各适量

做法

1. 菜花掰成小块，洗净。
2. 西蓝花掰成小块，洗净。
3. 将菜花、西蓝花下入沸水锅中焯熟。
4. 双花放入凉水中过凉，捞出，沥水，放入盘中。
5. 将辣椒油、盐、醋倒入碗内调成汁。
6. 将调好的汁浇在双花上，拌匀即可。

───── 营养小贴士 ─────

　　西蓝花中的萝卜硫素是预防癌症最重要的成分，这种物质有提高致癌物解毒酶活性的作用，并能帮助癌变细胞修复为正常细胞。常食西蓝花可以有效降低乳腺癌、直肠癌、胃癌的发病率。

　　西蓝花煮后颜色会变得更鲜艳，但要注意的是，在焯西蓝花时，时间不宜太长，否则易失去脆感，拌出的菜的口感也会大打折扣。

1/2 份
含糖量
3.6 克

爆鸭杂

材料

鸭肝 200 克，鸭胗、鸭心、香菜段各 100 克，红尖椒块、青尖椒块、姜片、蒜片、花椒油、料酒、老抽、郫县豆瓣、胡椒粉、植物油各适量

做法

1. 鸭胗洗净，切片后切花刀。
2. 鸭心、鸭肝洗净，切片。
3. 将老抽、花椒油、料酒、胡椒粉全部倒入鸭杂内拌匀，腌制。
4. 油锅烧热，放入花椒油、蒜片、姜片、郫县豆瓣炒香，倒入鸭杂爆炒至变色。
5. 放入青尖椒块、红尖椒块翻炒，放入香菜段炒匀即可。

—— 营养小贴士 ——

　　鸭心的营养价值非常高，常吃鸭心不但可以起到亮发的作用，而且还有健脑和温肺的好处，心脏疾病患者可以多吃鸭心用于调理，鸭心能益肝和健脾以及润肠。

1/2 份
含糖量
4.6克

137

砂锅烧海参

材料

海参 200 克，洋葱 50 克，葱段、植物油、黄油、料酒、浓汤、蚝油、水淀粉、盐各适量

做法

1. 海参处理干净，放入沸水锅中汆水，捞出沥水，洋葱洗净，切丝，放入加热的砂锅内加黄油煸香。
2. 油锅烧热，放入葱段、浓汤，加料酒、蚝油、盐调味，放入海参烧至入味，用水淀粉勾芡。
3. 将锅中所有食材倒入砂锅内，盖上盖子，焖至香气四溢即可。

1/2 份
含糖量
4.8 克

黄金肉

材料

猪里脊肉 250 克，鸡蛋 1 个，香菜段、葱丝、姜丝、姜汁、高汤、水淀粉、植物油、料酒、盐各适量

做法

1. 猪里脊肉洗净，切片；鸡蛋打成鸡蛋液，搅匀。
2. 肉片加盐、料酒、鸡蛋液略腌，加入水淀粉上浆；将高汤、料酒、盐、姜汁调成汁。
3. 锅内加入植物油烧热，放入浆好的肉片，煎至两面呈金黄色，放入葱丝、姜丝，翻炒一下，再顺锅边倒入调味汁略炒，撒上香菜段，装盘即可。

1/2 份
含糖量
0.6 克

肉段熘茄子

材料

猪里脊肉 200 克，茄子 100 克，胡萝卜 30 克，葱花、姜末、蒜末、水淀粉、鸡蛋液、植物油、香油、醋、酱油、盐各适量

做法

1. 猪里脊肉洗净，切片，加入鸡蛋液、水淀粉挂糊上浆；茄子洗净，切条；胡萝卜洗净，切片。
2. 将酱油、醋、盐、水淀粉调成味汁。
3. 肉片放入热油锅炸至表皮稍硬，捞出，待油温升高，同茄子条再炸两遍。
4. 锅留底油，放入葱花、姜末、蒜末炝锅，放入胡萝卜片、肉片、茄子条，加入调好的汁熘炒，淋上香油即可。

1/2 份
含糖量
0.4 克

凉拌鸭舌

材料

鸭舌 200 克，黄瓜 50 克，红尖椒、盐、料酒、胡椒粉、生抽、花椒油、姜汁酒、清汤各适量

做法

1. 鸭舌洗净，加姜汁酒、清汤煮熟。
2. 黄瓜洗净，切斜片，码在盘上。
3. 红尖椒洗净，切丝。
4. 鸭舌去除舌膜、舌筋，加盐、料酒、胡椒粉、生抽、花椒油拌匀稍腌，摆在黄瓜片上，撒少许红椒丝即可。

豆花肥肠

材料

熟肥肠300克，豆腐100克，葱花、姜末、蒜末、郫县豆瓣、红椒碎、花椒粉、高汤、植物油、酱油、盐各适量

做法

1. 郫县豆瓣剁成蓉；豆腐洗净，压碎；熟肥肠切段。
2. 油锅烧热，放入肥肠段煸炒，加入花椒粉、红椒碎、姜末、蒜末、葱花、酱油、盐炒香盛出。
3. 油锅烧热，下入豆瓣蓉炒出香味，加高汤烧开，放入豆腐碎、肥肠段，烧至肥肠熟软入味，收汁撒上葱花即可。

1/2 份
含糖量
1.7 克

菠萝牛肉

材料

嫩牛肉250克，水发黑木耳、菠萝各50克，水淀粉、植物油、酱油、料酒、盐各适量

做法

1. 嫩牛肉洗净，切片，用料酒、酱油、水淀粉腌渍片刻；水发黑木耳洗净，撕成小块。
2. 菠萝放入淡盐水中浸泡片刻，取出，切片。
3. 油锅烧热，放入牛肉片爆炒，加入黑木耳块翻炒，再放入酱油、水淀粉、盐调味，加入菠萝片翻炒，收汁，装盘即可。

1/2 份
含糖量
4.2 克

芝麻拌墨鱼

材料

干墨鱼 200 克，熟白芝麻、红油、香油、香菜、姜末、盐各适量

做法

1. 剥去干墨鱼的骨头和最外层的皮，洗净，切细丝。

2. 香菜去根部，洗净，切末，备用。

3. 锅中加水煮沸，倒入墨鱼丝煮熟，捞出备用。

4. 锅置旺火，下入红油、香油、熟白芝麻、姜末、盐搅拌均匀，调成味汁，
   淋在墨鱼丝上，撒上香菜末即可。

炝拌小银鱼

材料

小银鱼 200 克，熟白芝麻、蒜末、姜末、辣椒粉、植物油、点缀用花草各适量

做法

1. 小银鱼洗干净，备用。
2. 油锅烧热，放入小银鱼，煎熟盛盘。
3. 将熟白芝麻、蒜末、姜末、辣椒粉倒入烧热的油锅中，加热 1 分钟，淋入盘中即可。
4. 根据个人喜好，可用点缀用花草装饰。

功夫鲈鱼

材料

鲈鱼 300 克，油菜 80 克，青辣椒、红辣椒、葱花、泡椒、植物油、醋、酱油、料酒、盐各适量

做法

1. 鲈鱼洗净，切块；油菜洗净。
2. 青辣椒、红辣椒洗净，切圈；泡椒切段。
3. 青辣椒圈、红辣椒圈、泡椒段放入碗中，加入盐、醋、酱油、料酒腌渍。
4. 油菜焯水，捞出，放在盘中。
5. 油锅烧热，放入鲈鱼块，加入盐、料酒滑熟。
6. 倒上青辣椒圈、红辣椒圈、泡椒段，烧至入味，撒上葱花，装盘即可。

— 营养小贴士 —

鲈鱼是典型的低能量、高营养食品，富含蛋白质、维生素 A、B 族维生素、钙、镁、硒等元素，有补肝肾、益脾胃、降低血糖的功效，非常适合糖尿病患者食用。

1/2 份
含糖量
1.0 克

剁椒肚片

材料

猪肚 200 克，芹菜 50 克，泡姜、泡椒、香油、
植物油、盐各适量

做法

1. 猪肚煮熟，切为斜刀片，装入盘中。
2. 泡椒、泡姜洗净，均剁小块。
3. 芹菜洗净，切段，焯水，凉凉后放入盛肚片的
   盘中。
4. 油锅烧热，下入剁好的泡椒块、泡姜块炝锅，
   炒成泡椒汁备用。
5. 将盐加入炒香的泡椒汁中，浇在盘中肚片上，
   淋上香油，拌匀即可。

孜然牛肉蔬菜汤

材料

牛肋条肉 200 克，洋葱块、扁豆角段、地瓜块、胡萝卜块各 30 克，八角、孜然、植物油、料酒、盐、薄荷叶各适量

做法

1. 牛肋条肉洗净，切成片。
2. 油锅烧热，下入孜然、八角、洋葱块炒出香味，下入牛肉片煸炒片刻，倒入适量清水煮沸。
3. 加入扁豆角段、地瓜块、胡萝卜块，调入料酒继续炖煮 30 分钟，调入盐，将汤盛出，加薄荷叶点缀即可。

1/2 份
含糖量
2.9 克

三鲜豆腐

材料

豆腐 150 克，白菜心 100 克，葱花、姜末、香菜段、鲜汤、植物油、鸡油、盐各适量

做法

1. 豆腐洗净，放入锅里隔水蒸 10 分钟，取出沥水，切长块。
2. 白菜心洗净，用手撕成块，放入沸水中焯烫。
3. 油锅烧热，加入葱花、姜末炸出香味。
4. 放入鲜汤、豆腐块、盐、白菜心块烧开，撇去浮沫。
5. 淋上鸡油，撒香菜段，出锅即可。

—— 营养小贴士 ——

豆腐中含有丰富的纤维素，常吃豆腐可使食物中的糖附着在纤维素上使其吸收变慢，血糖则相应降低，即使体内胰岛素稍有不足，也不至于患糖尿病。同时纤维素本身还具有抑制胰高血糖素分泌的作用，亦可使血糖降低。

蒜泥拌豆角

材料

豆角 100 克，蒜泥、香菜末、麻油、辣椒油、生抽、盐各适量

做法

1. 豆角洗净，切段。
2. 豆角段放入沸水中焯熟，冲凉沥干。
3. 蒜泥、香菜末放入碟中，加入生抽、盐、麻油、辣椒油调制成味汁。
4. 将调好的味汁浇在豆角上拌匀，装盘即可。

营养小贴士

　　大蒜中硒含量较多，对人体胰岛素合成起到一定的促进作用。大蒜中的大蒜素还具有促进免疫细胞活化的作用，并且随着大蒜素浓度增高，免疫细胞活化度也会升高。需要注意，阴虚火旺之人，经常出现面红、午后低热、口干便秘、烦热等症状者忌食大蒜。

1/2 份
含糖量
3.4 克

辣子鸿运虾

材料

基围虾 200 克，葱花、姜末、蒜末、香菜段、干辣椒段、脆炸粉、植物油、料酒、盐各适量

做法

1. 基围虾洗净，去头、虾线，加盐、料酒和葱花、姜末、蒜末腌入味。
2. 腌好的基围虾裹上脆炸粉，放入热油锅中炸至金黄色，捞出控油。
3. 锅内留油烧至四成热，下入葱花、姜末、蒜末、干辣椒段、香菜段爆香。
4. 放入基围虾，旺火煸炒 30 秒，翻炒均匀，装盘即可。

—— 营养小贴士 ——

　　基围虾营养丰富，其肉质松软，易消化，对身体虚弱以及病后需要调养的人是极好的食物。
　　虾中含有丰富的镁，镁对心脏活动具有重要的调节作用，能很好地保护心血管系统。适量多食虾可减少血液中胆固醇含量，防止动脉硬化，同时还能扩张冠状动脉，有利于预防高血压及心肌梗死。

1/2 份
含糖量
3.9 克

155

扁豆炒肉丝

材料

扁豆100克, 猪瘦肉80克, 红椒丝、葱丝、姜丝、蒜末、香油、花椒、水淀粉、料酒、盐各适量

做法

1. 猪瘦肉洗净, 切丝。
2. 扁豆洗净, 切丝, 放入开水锅内烫煮后捞出放凉。
3. 锅内加入香油烧热, 下入花椒, 炸出香味后将花椒捞出。
4. 放入猪肉丝、葱丝、姜丝, 煸炒至肉丝断生, 烹入料酒。
5. 加入扁豆丝、红椒丝稍炒, 放蒜末、盐调味, 用水淀粉勾芡即可。

1/2份
含糖量
3.7克

清蒸鳜鱼

材料

鳜鱼 1 条（约 500 克），香菇、火腿、冬笋各 20 克，香菜叶、葱丝、姜丝、植物油、料酒、盐各适量

做法

1. 鳜鱼处理干净，改刀。
2. 香菇、冬笋洗净，切丝；火腿切丝。
3. 油锅烧热，放入香菇丝、冬笋丝、火腿丝爆香。
4. 将处理好的鳜鱼加入料酒、盐腌渍片刻，摆入盘内，加入葱丝、姜丝，放入蒸锅蒸熟。
5. 将蒸好的鳜鱼去掉葱丝、姜丝，撒上爆香的香菇丝、火腿丝、冬笋丝，撒上香菜叶即可。

1/2 份
含糖量
1.3 克

胡萝卜烧鸡块

材料

鸡肉 300 克，胡萝卜 150 克，花椒、植物油、盐各适量

做法

1. 胡萝卜、鸡肉分别洗净，切块。
2. 油锅烧热，下入花椒炸香，捞出花椒。
3. 放入胡萝卜块，加适量清水，用大火烧开，待胡萝卜煮熟后盛出。
4. 油锅烧热，放入鸡块煸炒至变色。
5. 加适量清水，加盖焖熟，放入胡萝卜块，大火收汁。
6. 烧至熟透，加盐调味即可。

营养小贴士

　　胡萝卜富含胡萝卜素、维生素 B_1、维生素 B_2、钙、铁、磷等营养成分，是一种营养美味的滋补佳品。各项研究显示，维生素 B_1、维生素 B_2 对大脑的发育有较大的影响，如果摄取不足，会减缓智力的发育以及在一定程度上导致记忆力的下降。每天食用一点胡萝卜，不仅能改善记忆、益智，还能补肝明目。

笋焖黄鱼

材料
黄鱼 500 克，猪肉 75 克，竹笋 50 克，料酒、酱油、香油、植物油、葱段、姜片、蒜片、香菜叶各适量

做法
1. 黄鱼洗净，切斜刀，加料酒、酱油腌渍。
2. 猪肉、竹笋洗净，均切片。
3. 锅内加入植物油烧热，下入黄鱼煎至两面金黄，捞出。
4. 锅留底油，下入葱段、姜片、蒜片、竹笋炒香，放入黄鱼、料酒、酱油、水焖煮至熟，淋入香油。
5. 将竹笋盛出摆盘，把黄鱼盛在竹笋上，倒上汤汁，撒上香菜叶即可。

—— 营养小贴士 ——

竹笋富含蛋白质、脂肪、糖、钙、磷、铁以及胡萝卜素、B 族维生素、维生素 C 等，适宜肥胖者、习惯性便秘者、糖尿病患者、心血管疾病患者食用。需要注意，慢性肾炎、泌尿系结石、胃溃疡、胃出血、肝硬化、肠炎、尿路结石、低钙、骨质疏松、佝偻病人等患者慎食。

1/2份
含糖量
2.9克

161

圣女果洋葱沙拉

材料

圣女果 100 克，紫甘蓝、
生菜、小白菜各 20 克，
洋葱圈 10 克，橄榄油、盐、
醋各适量

做法

1. 圣女果洗净，对半切开。
2. 紫甘蓝洗净，切丝。
3. 小白菜择洗干净。
4. 生菜择洗干净，撕小块。
5. 取一碗，倒入圣女果、紫甘蓝丝、小白菜、
   撕好的生菜、洋葱圈，再加入适量橄榄油、
   盐和醋，拌匀即可。

1/2 份
含糖量
1.0 克

薄片沙拉

材料
黄瓜、胡萝卜各 30 克，樱桃萝卜 40 克，橄榄油、醋、蒜末、盐、点缀
用绿叶各适量

做法
1. 黄瓜、胡萝卜、樱桃萝卜洗净，用刨刀刨成薄片，放入盘中。
2. 倒入橄榄油、醋、蒜末、盐拌匀，用点缀用绿叶装饰即可。

1/2 份
含糖量
2.3 克

163

紫甘蓝香菜沙拉

材料

紫甘蓝 100 克，香菜叶、
橄榄油、盐各适量

做法

1. 紫甘蓝洗净，切细条；香菜叶洗净，切碎。
2. 将切好的紫甘蓝放入沸水中焯片刻，捞出放凉。
3. 将紫甘蓝装入盘中，再放入适量香菜叶。
4. 取一小碗，加入橄榄油、盐，拌匀，调成料汁。
5. 将调好的料汁淋在沙拉上，拌匀即可。

1/2 份
含糖量
3.1克

草莓苹果沙拉

材料

草莓、苹果各 90 克，沙
拉酱、点缀用绿叶各适量

做法

1. 草莓洗净，去蒂，切块备用。
2. 苹果洗净，去核，切块备用。
3. 把草莓和苹果一起装入洗净的碗中。
4. 加入适量沙拉酱，拌匀。
5. 将拌好的水果沙拉盛出，装入盘中，用点
   缀用绿叶装饰。

1/2 份
含糖量
4.5 克

南瓜西蓝花沙拉

材料

南瓜、西蓝花各 50 克，
豆角 20 克，红辣椒碎、
橄榄油、盐、醋各适量

做法

1. 南瓜去皮、籽，洗净，切块，煮熟，捞出。
2. 西蓝花撕小朵，洗净，焯熟，捞出。
3. 豆角洗净，切段，煮熟，捞出。
4. 将橄榄油、盐、醋装入碗中，拌匀，调成料汁。
5. 将西蓝花、南瓜块、豆角段装入盘中。
6. 撒上红辣椒碎，将料汁淋在食材上即可。

1/2 份
含糖量
2.9 克

附录：

一些不同种类食物的含糖量与蛋白质图表。

根据专家经验总结规划一周食谱。

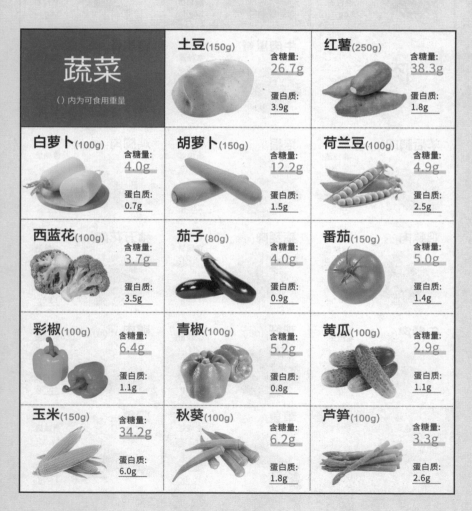

蔬菜 （）内为可食用重量	土豆(150g) 含糖量：26.7g 蛋白质：3.9g	红薯(250g) 含糖量：38.3g 蛋白质：1.8g
白萝卜(100g) 含糖量：4.0g 蛋白质：0.7g	胡萝卜(150g) 含糖量：12.2g 蛋白质：1.5g	荷兰豆(100g) 含糖量：4.9g 蛋白质：2.5g
西蓝花(100g) 含糖量：3.7g 蛋白质：3.5g	茄子(80g) 含糖量：4.0g 蛋白质：0.9g	番茄(150g) 含糖量：5.0g 蛋白质：1.4g
彩椒(100g) 含糖量：6.4g 蛋白质：1.1g	青椒(100g) 含糖量：5.2g 蛋白质：0.8g	黄瓜(100g) 含糖量：2.9g 蛋白质：1.1g
玉米(150g) 含糖量：34.2g 蛋白质：6.0g	秋葵(100g) 含糖量：6.2g 蛋白质：1.8g	芦笋(100g) 含糖量：3.3g 蛋白质：2.6g

菠菜(200g)
含糖量：9.0g
蛋白质：5.2g

莲藕(100g)
含糖量：11.5g
蛋白质：1.2g

南瓜(100g)
含糖量：5.3g
蛋白质：0.7g

韭菜(100g)
含糖量：4.5g
蛋白质：2.6g

生菜(100g)
含糖量：1.1g
蛋白质：1.6g

茼蒿(200g)
含糖量：7.8g
蛋白质：3.8g

肉类
（）内为可食用重量

牛肉里脊(100g)
含糖量：2.4g
蛋白质：22.2g

猪里脊(100g)
含糖量：0.0g
蛋白质：19.6g

羊后腿肉(100g)
含糖量：0.3g
蛋白质：19.5g

培根(100g)
含糖量：2.6g
蛋白质：22.3g

鸡胸肉(250g)
含糖量：1.5g
蛋白质：61.5g

鸡腿肉(250g)
含糖量：0.0g
蛋白质：50.5g

猪腿肉(100g)
含糖量：0.8g
蛋白质：17.9g

猪五花肉(100g)
含糖量：2.2g
蛋白质：13.6g

午餐肉(100g)
含糖量：24.9g
蛋白质：2.9g

鸡肝(100g)
含糖量：2.8g
蛋白质：16.6g

鸭肉(100g)
含糖量：0.2g
蛋白质：15.5g

水产海鲜类
（）内为可食用重量

草鱼(100g)
含糖量：0.0g
蛋白质：16.6g

鲤鱼(100g)
含糖量：0.5g
蛋白质：17.6g

牡蛎(100g)	红金枪鱼肉(100g)	鱿鱼(100g)
含糖量: 8.2g 蛋白质: 5.3g	含糖量: 1.1g 蛋白质: 23.7g	含糖量: 0.0g 蛋白质: 17.4g
鲫鱼(100g)	鳕鱼(100g)	青花鱼(100g)
含糖量: 3.8g 蛋白质: 17.1g	含糖量: 0.5g 蛋白质: 20.4g	含糖量: 0.2g 蛋白质: 14.4g
黑虎虾(100g)	鲑鱼(100g)	罗非鱼(100g)
含糖量: 5.4g 蛋白质: 18.6g	含糖量: 0.0g 蛋白质: 17.2g	含糖量: 2.8g 蛋白质: 18.4g
鲈鱼(100g)	带鱼(100g)	鲅鱼(100g)
含糖量: 0.0g 蛋白质: 18.6g	含糖量: 3.1g 蛋白质: 17.7g	含糖量: 2.1g 蛋白质: 21.2g

水果

() 内为可食用重量

苹果(100g)	梨(100g)
含糖量: 13.7g 蛋白质: 0.4g	含糖量: 13.1g 蛋白质: 0.3g

桃子(100g)	李子(100g)	杏(100g)
含糖量: 10.1g 蛋白质: 0.6g	含糖量: 8.7g 蛋白质: 0.7g	含糖量: 9.1g 蛋白质: 0.9g
冬枣(100g)	樱桃(100g)	葡萄(100g)
含糖量: 27.8g 蛋白质: 1.8g	含糖量: 10.2g 蛋白质: 1.1g	含糖量: 10.3g 蛋白质: 0.4g

石榴(100g) 含糖量: 18.5g 蛋白质: 1.3g	**猕猴桃**(100g) 含糖量: 14.5g 蛋白质: 0.8g	**草莓**(100g) 含糖量: 7.1g 蛋白质: 1.0g
橙子(100g) 含糖量: 11.1g 蛋白质: 0.8g	**橘子**(100g) 含糖量: 10.3g 蛋白质: 0.8g	**柚子**(100g) 含糖量: 9.5g 蛋白质: 0.8g
柠檬(100g) 含糖量: 6.2g 蛋白质: 1.1g	**菠萝**(100g) 含糖量: 10.8g 蛋白质: 0.5g	**桂圆**(100g) 含糖量: 16.6g 蛋白质: 1.2g
枇杷(100g) 含糖量: 9.3g 蛋白质: 0.8g	**西瓜**(100g) 含糖量: 6.8g 蛋白质: 0.5g	**芒果**(100g) 含糖量: 12.9g 蛋白质: 1.2g
菌类 （）内为可食用重量	**金针菇**(100g) 含糖量: 6.0g 蛋白质: 2.4g	**口蘑**(100g) 含糖量: 31.6g 蛋白质: 38.7g
平菇(100g) 含糖量: 4.6g 蛋白质: 1.9g	**黑木耳**(100g) 含糖量: 6.0g 蛋白质: 1.5g	**香菇**(100g) 含糖量: 5.2g 蛋白质: 2.2g
杏鲍菇(100g) 含糖量: 8.3g 蛋白质: 1.3g	**蟹味菇**(100g) 含糖量: 1.3g 蛋白质: 2.7g	**干榛蘑**(100g) 含糖量: 54.6g 蛋白质: 17.7g

藻类

（）内为可食用重量

裙带菜(10g)
含糖量：0.0g
蛋白质：2.0g

海苔(3g)
含糖量：0.3g
蛋白质：1.2g

海带(100g)
含糖量：2.1g
蛋白质：1.2g

羊栖菜(5g)
含糖量：0.3g
蛋白质：0.5g

紫菜(100g)
含糖量：44.1g
蛋白质：26.7g

调味品

（）内为可食用重量

蛋黄酱(15g)
含糖量：0.3g
蛋白质：0.4g

醋(15g)
含糖量：0.4g
蛋白质：0.0g

芥末籽(15g)
含糖量：2.3g
蛋白质：1.4g

盐(15g)
含糖量：0.0g
蛋白质：0.0g

耗油(15g)
含糖量：2.7g
蛋白质：1.2g

酱油(15g)
含糖量：1.8g
蛋白质：1.4g

咖喱粉(15g)
含糖量：0.6g
蛋白质：0.3g

番茄酱(15g)
含糖量：4.6g
蛋白质：0.3g

白砂糖(15g)
含糖量：8.9g
蛋白质：0.0g

豆瓣酱(15g)
含糖量：0.2g
蛋白质：0.1g

胡椒(15g)
含糖量：0.2g
蛋白质：0.1g

烤肉酱(15g)
含糖量：6.5g
蛋白质：0.3g

甜面酱(15g)
含糖量：5.2g
蛋白质：1.3g

鱼露(15g)
含糖量：0.5g
蛋白质：1.4g

饮料茶水 ()内为可食用重量	咖啡牛奶(250mL) 含糖量:15.1g 蛋白质:4.6g	黑咖啡(200mL) 含糖量:1.4g 蛋白质:0.4g
可可(200mL) 含糖量:17.9g 蛋白质:7.7g	酸奶(200mL) 含糖量:25.8g 蛋白质:5.6g	水(200mL) 含糖量:0.0g 蛋白质:0.0g
蔬菜汁(200mL) 含糖量:7.2g 蛋白质:1.2g	红茶(200mL) 含糖量:0.2g 蛋白质:0.2g	绿茶(200mL) 含糖量:0.2g 蛋白质:0.0g
豆浆(100mL) 含糖量:1.2g 蛋白质:3.0g	牛奶(100mL) 含糖量:4.9g 蛋白质:3.3g	可乐(200mL) 含糖量:22.4g 蛋白质:0.1g
汤 ()内为可食用重量	山药排骨汤(150g) 含糖量:3.9g 蛋白质:7.5g	素笋汤(200g) 含糖量:3.0g 蛋白质:1.2g
木耳菠菜蛋花汤(200g) 含糖量:3.3g 蛋白质:3.5g	豆腐海带汤(200g) 含糖量:1.8g 蛋白质:4.6g	粉丝汤(200g) 含糖量:10.1g 蛋白质:3.0g
常见食物 ()内为可食用重量	意大利面(125g) 含糖量:75.3g 蛋白质:21.7g	饭团(110g) 含糖量:42.9g 蛋白质:3.0g

热狗 (100g) 含糖量：38.9g 蛋白质：15.9g	炸鸡块 (100g) 含糖量：10.5g 蛋白质：20.3g	蔬菜沙拉 (100g) 含糖量：2.2g 蛋白质：0.7g
汉堡 (78g) 含糖量：52.8g 蛋白质：15.9g	三明治 (75g) 含糖量：29.2g 蛋白质：11.4g	乌冬面 (125g) 含糖量：53.5g 蛋白质：20.3g
咖喱饭 (125g) 含糖量：74.7g 蛋白质：16.5g	烧麦 (110g) 含糖量：27.0g 蛋白质：13.1g	披萨 (185g) 含糖量：47.8g 蛋白质：24.8g
馒头 (100g) 含糖量：47.0g 蛋白质：7.0g	油条 (100g) 含糖量：51.0g 蛋白质：6.9g	花卷 (100g) 含糖量：45.6g 蛋白质：6.4g
米饭 (100g) 含糖量：25.9g 蛋白质：2.6g	面条 (100g) 含糖量：65.6g 蛋白质：8.9g	小米粥 (100g) 含糖量：8.4g 蛋白质：1.4g

低GI食谱·星期一

早餐

水煮蛋
(50g)

纯牛奶
(250mL)

全麦面包
(50g)

午餐

糙米饭
(100g)

炒西兰花
(150g)

煎鸡胸肉
(100g)

加餐

蓝莓
(75g)

可选

黄瓜
(100g)

晚餐

红薯
(100g)

凉拌豆芽
(100g)

凉拌海带
(100g)

低GI食谱·星期二

早餐

甜玉米
（100g）

无糖豆浆
（250mL）

圣女果
（50g）

午餐

荞麦面
（80g）

卤牛肉
（80g）

炒时蔬
（150g）

加餐

杏仁
（10g）

可选

腰果
（10g）

晚餐

紫薯
（80g）

手撕包菜
（100g）

虾仁
（100g）

低GI食谱·星期三

早餐

无糖酸奶
(100g)

煮玉米
(80g)

水煮生菜
(100g)

午餐

黑米饭
(80g)

番茄炒蛋
(150g)

煎牛肉
(100g)

加餐

苏打饼干
(40g)

可选

甜玉米
(40g)

晚餐

虾仁炒芹菜
(100g)

蒸山药
(80g)

凉拌木耳
(100g)

低GI食谱·星期四

早餐

燕麦片
(30g)

苹果
(250g)

水煮蛋
(50g)

午餐

清炒芦笋
(120g)

荞麦面
(100g)

红烧排骨
(80g)

加餐

核桃
(10g)

可选

开心果
(10g)

晚餐

清炒西葫芦
(100g)

鸡蛋羹
(100g)

甜玉米
(80g)

低GI食谱·星期五

 早餐

 凉拌菠菜 (120g)

 纯牛奶 (250mL)

 全麦面包 (50g)

 午餐

 糙米饭 (100g)

 煎三文鱼 (120g)

 蒜蓉西兰花 (100g)

 加餐

 腰果 (10g)

可选

 油桃 (80g)

 晚餐

 酱牛肉 (80g)

 清炒菜花 (100g)

 蒸土豆 (80g)

低GI食谱·星期六

早餐

鹌鹑蛋
(50g)

粗粮煎饼
(50g)

圣女果
(100g)

午餐

粗粮馒头
(50g)

清炒豆角
(120g)

煎鸡胸肉
(100g)

加餐

橙子
(90g)

可选

黄瓜
(100g)

晚餐

白灼虾
(100g)

凉拌萝卜丝
(100g)

凉拌苦瓜
(100g)

低GI食谱·星期日

早餐

水煮蛋
(50g)

纯牛奶
(250mL)

凉拌莴笋
(100g)

午餐

清炒时蔬
(100g)

清蒸鲈鱼
(80g)

意大利面
(80g)

加餐

苹果
(250g)

可选

腰果
(10g)

晚餐

红薯
(80g)

凉拌黄瓜
(100g)

煎虾仁
(100g)